松井俊浩

IoT
セキュリティ
技術
入門

日刊工業新聞社

まえがき

　現代の高度情報化社会においては、ITセキュリティの問題が拡大し、さ
まざまな対策が講じられている。PCには、ウィルス検出ソフトを入れるこ
と、怪しいWebサイトを閲覧したり怪しいソフトウェアをインストールし
たりしないこと、素性のわからないUSBメモリを差し込まないこと、PCや
ルーターのファイアウォールを活用すること、適切なパスワードを設定し共
有しないこと、2段階認証を使うこと、標的型Eメールに注意すること、企
業などにおいてはCSIRTを組織して万一に備えること、またIDS、IPS、
UTMなどの高度なファイアウォールを設置することなどである。一方で、
身の回りのモノがインターネットにつながるIoTも普及しつつある。従来の
ITセキュリティ対策を講じていれば、IoTにおけるセキュリティも万全と言
えるだろうか？

　本書は、IoTセキュリティと呼ぶ、新しい種類のセキュリティについて解
説する。ITセキュリティとIoTセキュリティの重要な違いは、ITにおいて
は、ITを使う人が、ITの使用法に注意してセキュリティを守る必要があっ
たが、IoTにおいては、もっぱらモノ＝IoTデバイスを設計・開発する人
が、セキュリティに配慮した設計・開発をしなければならない点である。も
ちろん、IoTサービスを運用する段階で守らなければならない事項も多数あ
るが、この本は、主に製造業などにおいて、IoTを構築するエンジニアを主
な対象とする。そして、IoTの運用においても、実は製造業者がセキュリ
ティをサポートしなければならないというPSIRTの考え方にも言及する。

　このように、この本は、これからIoTにとりくむエンジニアにセキュリ
ティ知識を身につけてもらうことを目的にしている。PC、サーバー、スマー
トフォン、ネットワークなどが引き起こすITセキュリティに関する専門家
人材の不足が指摘されて久しいが、2010年代に入ってIoTセキュリティの問
題が加わり、新たな種類のセキュリティ人材が切望されるようになったとい
う事情がある。我が国において、情報セキュリティを推進している情報処理

推進機構（IPA）は、来たるべきIoT時代のセキュリティの問題を指摘し、対策の指針を示す「つながる世界の開発指針」を発刊した。さらに、この冊子を使ってIoTセキュリティ人材の育成を推進するために、「IoTの安全安心な技術開発と運用を行う人材育成のための情報セキュリティ教材の開発」を情報セキュリティ大学院大学（代表：松井俊浩）に委託した。ここで開発した授業の教科書としても使用できるように構成したのが本書である。

　本書の対象読者は、企業などでIoTのシステムを開発するエンジニア、サービスの展開にIoTを活用とするエンジニア、そのマネージャーに当たる方々である。教育機関での教科書として使う場合、情報関係の学部専門課程あるいは大学院の修士課程で使われることを想定する。前提知識として、以下のようなITおよびITのセキュリティの基礎知識を想定している。不十分な場合、「この一冊で全部わかるセキュリティの基本」（みやもとくにお、大久保隆夫）などを参照されたい。さらに進んだセキュリティの勉強には「情報セキュリティ」（宝木和夫）などがある。

- コンピュータ －CPU、メモリ、LSIなどのハードウェア要素
- ネットワーク －OSI参照モデル、プロトコル、TCP/IP、無線LAN
- オペレーティングシステム －カーネル、プロセス、メモリ保護
- ITセキュリティ －暗号、認証、ファイアウォール、マルウェア、脆弱性
- 情報工学一般　－アルゴリズム、データ型、関数などの概念

2020年1月

IoTセキュリティ技術入門
目　次

まえがき ……………………………………………………………………… 1

第1章
IoTのビジョンとIoTセキュリティ

1.1 IoTの歴史 …………………………………………………………… 8
1.2 IoTの定義 ………………………………………………………… 10
1.3 IoTの使われ方 …………………………………………………… 11
1.4 IoTのアーキテクチャ …………………………………………… 15
1.5 IoTのセキュリティインシデント ……………………………… 19
1.6 攻撃者の狙い……………………………………………………… 26
1.7 通常のITセキュリティとIoTセキュリティの違い ………… 28
1.8 IoTセキュリティのガイドライン ……………………………… 33

第2章
IoTデバイス

2.1 IoTデバイスの構成 ……………………………………………… 36
2.2 IoTデバイスのコンピュータ …………………………………… 38
2.3 MCUの性能分類 ………………………………………………… 41
2.4 センサーとデバイスインタフェース ………………………… 44
2.5 デジタルI/Oとピンの割り当て ………………………………… 47
2.6 MCUの実例—ARM……………………………………………… 48
2.7 ARMのセキュリティ機能 ……………………………………… 51
2.8 MCUの実例—ルネサスRX……………………………………… 54

第3章
制御システムのセキュリティ

3.1 制御システムとは ……………………………………………… 58
3.2 シーケンス制御 …………………………………………………… 61
3.3 制御ネットワーク ……………………………………………… 62
3.4 リアルタイム性 ………………………………………………… 65
3.5 制御システムのセキュリティインシデント ……………………… 69
3.6 制御システムのセキュリティ脅威が発生する経緯 …………… 70
3.7 制御システムのセキュリティ対策…………………………………… 73

第4章
IoTネットワークのセキュリティ

4.1 無線化の進むIoTネットワーク ……………………………………… 78
4.2 無線ネットワーク ………………………………………………… 79
4.3 Wi-Fi …………………………………………………………… 81
4.4 Bluetooth ……………………………………………………… 84
4.5 KRACKs脆弱性とBlueborne脆弱性 ……………………………… 85
4.6 LPWA ………………………………………………………… 87
4.7 IoTネットワークのリスクの想定 ………………………………… 90
4.8 IoTネットワークの上位プロトコルで守る ……………………… 94
4.9 フォグコンピューティングで守る ……………………………… 94

第5章
車載エレクトロニクス

5.1 車載エレクトロニクスの歴史 ……………………………………… 98

5.2 CANの通信方式 ……………………………………………100

5.3 CANのリアルタイム通信 ……………………………………103

5.4 CANの拡張規格 ………………………………………………104

5.5 その他の車載ネットワーク ………………………………105

5.6 自動車のインターネット接続 ……………………………106

5.7 車載ITのセキュリティ ……………………………………107

5.8 CAN通信の保護 ……………………………………………111

第6章
ハードウェア・セキュリティ

6.1 保守用インタフェース ………………………………………114

6.2 サイドチャネル攻撃 …………………………………………118

6.3 グリッチ攻撃 …………………………………………………120

6.4 侵襲型の攻撃 …………………………………………………121

6.5 耐タンパーハードウェア ……………………………………124

6.6 偽造防止技術 …………………………………………………125

第7章
IoTセキュリティの運用

7.1 ログ機能 ………………………………………………………128

7.2 ログの保護 ……………………………………………………130

7.3 ログに記録する情報 …………………………………………131

7.4 時間がたっても安全を維持する機能 ……………………132

7.5 IoTデバイスの監視 …………………………………………133

7.6 セキュリティアップデート …………………………………137

7.7 CSIRTとPSIRT ……………………………………………140

7.8 PSIRTの役割 …………………………………………………141

7.9 サプライチェーン ……………………………………………148

第8章
IoTセキュリティの認証規格

8.1 国際標準 ·· 152
8.2 国際標準機関と認証制度 ·· 153
8.3 IoT関連の認証規格 ·· 154
8.4 CSMSおよびEDSA認証 ·· 156
8.5 コモンクライテリア（CC）認証 ····································· 158
8.6 脆弱性検査 ··· 160

第9章
IoTセキュリティのまとめ

9.1 アタックサーフェスの拡大 ·· 164
9.2 信頼の基点 ··· 165
9.3 設計時セキュリティ（Designed-In Security） ··················· 167
9.4 パスワード管理 ·· 169
9.5 長期のセキュリティ運用 ·· 170

あとがき ·· 172
索引 ·· 174
参考文献 ·· 180

第1章

IoTのビジョンと
IoTセキュリティ

1.1　IoT の歴史

　IoT とは、「Internet of Things」の略称であり、2012 年頃から人々の口に上り始めた言葉である。言葉としての起源は、1999 年に、P&G の Kevin Ashton 氏が、「RFID ができた以上は、さまざまなモノに ID が付けられてインターネットに接続されるであろう」と予言したことにあると言われる。その後、RFID の普及は進んだが、すべてのモノに RFID が付く事態には至らなかった。しかし、それに代わってウェアラブル機器、監視カメラ、家電、車載エレクトロニクスなど多くのデバイスが、インターネットに接続されるようになった。過去には、機械が「電子化」されるという動きがあったが、IoT はさらに進んで「インターネット化」される動きである。電子化によって、機器は小型化されつつ精密な動作を行うようになったが、インターネット化することで、そこでのセンサー情報や使用履歴がセンターに集積され、また機器を遠隔制御することが可能になる。

　IoT と類似の概念やビジョンは、コンピュータの発明以来、幾度となく唱えられてきた。中でも、1990 年頃に登場したユビキタスコンピューティングという概念は、ユビキタスという風変わりな言葉とともにまさにユビキタス（至る所に遍く存在する）となった。当時は計算機室にあるコンピュータではなく、エンジニアの傍らでワークステーションが使われる時代であったが、コンピュータは、もっと小さく、生活や風景に溶け込む存在になって、どこにでもコンピュータがあるという時代になることを予言した。サービスが社会の隅々まで浸透する姿から、ユビキタスに代わって、pervasive computing という言葉が使われることもあった。

　日本の総務省は、これにあやかって、ユビキタスネットワークという言葉を編み出した。どこに行っても、（コンピュータではなく）ネットワーク接続が得られるという意味である。このネットワークとは、今ではインターネットと言いたいところだが、当時は、多くの人がパソコン通信を思い浮かべたかも知れない。パソコン通信とは、音声電話回線にモデムを使ってデジ

ケルデータを載せ、プロバイダにあるサーバーにつないで、ブレティンボード（掲示板）にさまざまな情報を書き込むサービスであった。

　音声電話回線にデジタルデータを載せたというのは、1,0のデジタルデータを音声で表現したことを意味する。1973年に使用が始まったファクシミリは、ピーヒョロヒョロという音響信号にデジタル化した画像データを載せていた。しかし、その後1990年代にはすでに、電話回線は、音声をデジタル化して伝送していた。

　コンピュータがどんどん増え、ネットワークが広がっていくことは容易に想像できた。ネットワークはまず、大学、研究機関、そして企業の中のLAN（Local Area Network）として敷設された。米国では、軍が運用するARPANETが研究機関のLANを接続し、インターネットの起源ができていた。インターネットとは、ネットワーク間をつなぐネットワークという意味である。

　日本では、JUNETなどのボランティアが運用する学術研究向けインターネットが構築された。海外ともつながることで、新鮮な研究情報が交換できるようになった。そこにISP（Internet Service Provider）が参入し、IPアドレスを割り当てる仕組みもできて、一般の企業や家庭もインターネットに接続できる環境ができあがった。インターネットに接続するホストの数は急成長し、2011年には40億余りあるIPv4のアドレスが全て使い尽くされるほどに普及した。

　IoTは、機器をコンピュータによってデジタル制御する組込みシステムの発展形である。ハードウェア的に見れば、従来の組込みシステムにネットワーク接続機能を追加したのがIoTデバイスである。自動車の車載エレクトロニクスのように、IoTが取りざたされる前からネットワーク機能を備えた組込みシステムもあったので、違いがわかりにくいかもしれない。IoTのネットワーク接続とは、インターネットを経由して、その先のクラウドに接続されることを意味する。そのため、ミニコンポのリモコンや、音響・音声信号をBluetoothで飛ばすMP3プレイヤーとヘッドホンのセットは、ネットワーク機能を持った組込みシステムではあるが、IoT的ではない。

1.2　IoTの定義

　IoTとは、ITの使われ方や発展の方向を示すトレンドやビジョンであり、「それはIoTらしい」とか、「IoT的でない」と判断することに強い意味はない。一方で、ITの発展は、完全に自然発生的に進むものではなく、デバイス、ソフトウェア、ネットワーク、サービス、法制度など多様な要素が関係する故に、IoTの進む方向についてのコンセンサスを持つことには意味がある。その事情は、半導体微細化のロードマップづくりと似ている。また、IoTのセキュリティを論ずるには、すでに起こった問題への対策を論ずるのではなく、これから発生するであろうIoTのセキュリティ課題を論じたいのであるから、IoTが何で、どのような方向に進むか、あるいは、産業的・社会的コンセンサスは、IoTをどのような方向に進めようとしているのかを認識しておく必要がある。

　前節の冒頭で述べたIoTという用語を編み出したKevin Ashton氏の先見性は尊重するとしても、RFIDだけがIoTの本質ではないし、時代も大きく変わってきている。2015年頃から、さまざまな機関がIoTの定義を試みている。日本では、2016年12月に施行された官民データ活用推進基本法が、インターネット・オブ・シングス活用関連技術を次のように定義している。

官民データ活用推進基本法（第2条2項）

　この法律において「インターネット・オブ・シングス活用関連技術」とは、インターネットに多様かつ多数の物が接続されて、それらの物から送信され、又はそれらの物に送信される大量の情報の活用に関する技術であって、当該情報の活用による付加価値の創出によって、事業者の経営の能率及び生産性の向上、新たな事業の創出並びに就業の機会の増大をもたらし、もって国民生活の向上及び国民経済の健全な発展に寄与するものをいう。

しかし、次のIDC（International Data Corporation）による定義が、もっと端的にIoTの本質を捉えていると思われる。

IoT is s a network of networks of uniquely identifiable endpoints（or "things"）that communicate without human interaction using IP connectivity — be it "locally" or globally.

IoTとは、ローカルかグローバルかを問わず、IP接続を使って、人間が介在することなく通信する一意に識別可能なエンドポイントデバイス（または「もの」）のネットワークのネットワークである。

IP接続と言っているので、赤外線リモコンのような器具はIoTではないが、最近ではWi-Fi接続機能を持ったスマートリモコンも登場している。人間が介在しない通信は、M2M通信（machine to machine 通信、機械と機械の通信）と呼ぶ。スマートフォンにモバイルアプリケーションをダウンロードする行為には人が介在するので、IoTらしくないが、スマートフォンが朝、Wi-Fiを使って自動的に家電のスイッチを入れるような動作をすると、それはIoT的な機能と言える。ネットワークのネットワークというのは、企業や家庭内のマネージされたLAN、あるいは工場のフィールドバスや制御システムネットワークにつながれた機器が、インターネットという中央集権的コントロールの弱いネットワークにつながることを示している。IP接続、M2M通信、コントロールの弱いネットワークという3つの特徴は、IoTのセキュリティにも大きな影響を与えることになる。

1.3　IoTの使われ方

IoTは、モノのインターネットであるが、現状では、モノとモノをつなぐのではなく、モノとクラウドをつなぎ、モノがセンスするデータをクラウド

に集積するために使われる。モノ同士の情報交換は、たとえば車載ネットワークでは行われているが、これは1台の自動車を個人が所有し、自動車メーカーがすべての接続を管理できるから可能なのであり、自動車同士の情報交換は、まだ実現していない。このようなモノ同士が対等に通信する形態をP2P（peer to peer ピアツーピア）通信と呼ぶことがある。対等というのは、クライアント対サーバーの通信のような主従、あるいは上下がある関係ではなく、電話のように両者に同じことができる通信を指す。しかし、電話回線が二つの電話器を直接につないでいるのではなく、電話局を介してつながっていることからわかるように、一見P2P通信のように見えても、実はクライアントサーバー型の通信を二つ連結させている場合が多い。n台の電話器が他のどの電話器とも直接に通じるためには、$\frac{1}{2}n(n-1)$ の回線が必要になるが、電話局が中継する形ならば、n回線で足りる。サーバーを経由する接続は、省資源なのである。

　さらに、P2Pを駆使しようとすると、たくさんの機器の中から特定の通信相手を指定する方法が必要になる。例えば私たちが電話をかけられるのは、電話番号を知っている相手に限られる。Eメールアドレス、WebサイトのURLに置き換えて考えても同じである。SNSでは、みんなが集まる場所を

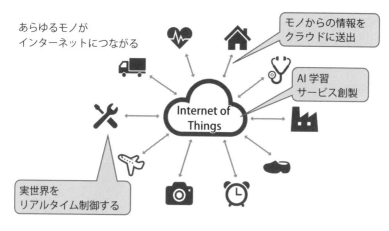

図1-1　クラウドに接続するIoTデバイス

一つに決めておいて、そこで特定の相手を探し出し、マッチングができるという仕組みである。そのため、IoTの普及期では、IoTデバイスからの通信は、すべてインターネットの先のデータセンターにあるクラウドを目指していると考えて良い。端末同士のP2P通信は、データセンターからの制御が効きにくいので、セキュリティの観点から考えても、クラウドを経由する方が安全である。

　図1-1で示すように、IoTデバイスからクラウドに集めた情報は、さまざまなサービスに活用される。現場から発生するデータ、たとえばスマートメータからの消費電力情報、店舗での購買情報、人々の行動情報などは、クラウドに構成されるAIの学習にとっても貴重なリソースになる。その情報は、発電量を制御したり、仕入れ量を計画したり、健康状態を推測したりするために使われ、現場で、自動車、自動販売機、医療機器などをリアルタイムで制御するためにも使われる。

　図1-2は、IoTの典型的な活用場面である、ウェアラブル、スマートホー

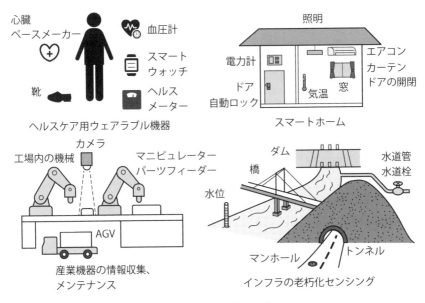

図1-2　IoTの使われ方

ム、産業IoT、インフラのモニタリングを示している。ウェアラブル、スマートホームのIoTは、人々の健康管理や安全で効率的な暮らしをサポートするだろう。産業のIoTは、すでに工場の制御システム（第3章）として活用されていたが、今後は、工場で生産される製造物にIoT機能が搭載されていく。そのような活用法の先駆けとして、小松製作所のKOMTRAXが有名である。KOMTRAXは、ブルドーザーなどの盗難が頻繁に起こることへの対策として、重機にGPS受信機を取り付け、重機の位置をセンターに知らせる機能として使われ始めた。巨大なモノであるブルドーザーがインターネットにつながったのである。GPSによる位置の監視は、主に重機を使用しない時間帯に行われるが、重機を使用している時間帯にも、その活発な活動の様子が克明に記録されることがわかった。すると、「この機械は十分に活躍していないので、機械が酷使されている別の現場に送ろう」という提案や、「この機械はそろそろ連続1万時間も動いているので、メンテナンスした方がよい」という案内などの別種のサービスにも使えることがわかってきた。このように、IoTには、情報をサービスに変える力がある。

　このような情報の活用法に触発されて、米国のGE（General Electric）社は、同社の販売してきた140万の医療機器や2万8000基のジェットエンジンのセンサーからの情報を収集し、やはり機器のメンテナンスに活用するようになった。GEは、そのためのビッグデータ分析プラットフォームPredixを商用化し、他社の機器のメンテナンスだけでなく、さまざまなビッグデータ解析に事業を拡張した。GEは、IoTによって、ものづくり企業から情報サービス企業に脱皮を図ったと言われる。

　このようにIoTが収集するデータは、宝の山になり得る。したがって、攻撃者にとっても価値のあるデータではあるが、この宝の山は、非常に細かい砂（データ）でできているため、個別のIoTデバイスから窃取することは困難であり、割に合わないであろう。IoT（あるいは制御システムも類似）においては、個々のデータの機密性はそれほど問題にならないことが多い。

1.4 IoTのアーキテクチャ

　IoTでは、さまざまなデバイスがインターネットに接続されるが、その接続の仕方は、PCがインターネットに接続する方法とは異なる（**図1-3**）。IoTのネットワーク接続を説明する前に、まず、一般のPCなどのインターネット接続をおさらいしておく。

　まず、インターネット接続とは、IP網への接続である。IPとは、Internet Protocolを指し、IP網とは、IPアドレスで識別されるホストコンピュータ同士が、IPパケットを交換するネットワークである。IP網の重要な特徴は、このIPパケットをネットワーク間で中継、分流、合流できることと、有線、無線に関わらず世界中にネットワークがくまなく張り巡らされていることにある。中継では、パケットをいったん読み取った後、次の目的地に送り出すが、この二つの接続は別であるから、両者の媒体が有線と無線で異なっていても、また両者の通信速度が違っていても接続が実現される。また、相手先のホストに到達するネットワーク経路は一つとは限らないため、さまざまな経路の中から速度やコストに応じて一つを選択したり、パケット単位で経路を切り替え、目的地で合流させて一つのストリームにすることで増速することもできる。

　IPパケットの中には、ありとあらゆるデジタル情報（データ）を表現す

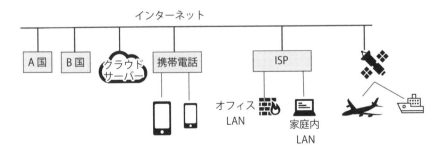

図1-3　IPネットワーク

ることができるので、別のIPパケットをカプセル化して取り込むこともできる。たとえば、ホストXからホストYに宛てたパケットがあるとする。このパケットをホストAが受け取り、ホストBへのアドレスを付けた封筒に入れて送る。この一回り大きくなったパケットを受け取ったホストBは、封筒を開封してホストXからホストYへのパケットを取り出す。そこにはホストY宛てだと書いてあるので、パケットをホストYに渡す。会社に届いた郵便物を、内容物を開けることなくまるごと社内便の封筒に入れて、受取人に送り届けるのと同じである。このようにすると、X、Yというアドレスを暗号化して通信を秘匿化できるようになる。

　PCのインターネット接続では、オフィスや家庭のネットワークは、ホームルーターを介してフレッツなどの公衆回線網に接続し、公衆回線網を通じて送られてくるIPパケットは、インターネットプロバイダがインターネットに中継する。IPv4ではこの過程で、ホームルーターは、NAT（Network Address Translation）によって、家庭内LANのローカルIPアドレスと、インターネット側のグローバルIPアドレスとの変換を行う。さらに、ホームルーターは、TCP層のポート番号に応じて接続を制限する。たとえば、インターネット側からは、家庭LAN内のWebサービス用の80番ポートだけへのアクセスを許可し、他を禁止する。逆に家庭内からインターネットに向かっては、危険なWebサイトのすべてのポート番号への接続を禁止し、他を許可する。このような制御は、TCP/IPのネットワークパケットには送信元（ソース）と受信相手（デスティネーション）のIPアドレスと、どのようなサービスにアクセスするかをポート番号として示すことになっているため、可能になる。

　TCP/IPのパケットの最終的な目的地は、PCの上で実行しているWebブラウザやEメールソフト、サーバーの上のWebサーバーやメール転送エージェント（MTA）などのアプリケーション層のプログラムである。これらのプログラムは、標準的な方法で暗号化を施すことがある。たとえば、Webサービスへの接続には、従来はHTTPが用いられてきたが、最近は、TLSの暗号化規格を採用したHTTPSが使用されることが多い。TLSは通信文の

暗号化だけでなく、証明書を使って通信相手の真正性を確認するためにも使われる。

　このように、インターネット通信は、1970年にARPANETが始動し、1982年にTCP/IPが標準プロトコルに制定されて以来、世界を一つに結ぶ標準的な通信法として広く普及してきた。開発当初は、WWWなど存在しなかったが、TCP/IPの基本設計が優れていたので、WWW、Eメール、SNSなどの有用なサービスが花開き、暗号や認証などの技術も取り込まれて、安全な通信体系が構築された。ここに述べたTCP/IPの基本動作は、IPv4でもIPv6でも同じである。40年以上の歴史があり、機能拡張や安全性に関しても豊富な検討・研究がなされており、安心して使える基盤技術である。

　IoTは、モノがインターネットにつながることであるためTCP/IPを利用することは間違いないが、実際は、TCP/IPとは異なる様相で接続されることがある。すなわち、TCP/IPに接続する機器をゲートウェイ（あるいはフォグ）層として、さらにその下にIoTネットワークと呼ばれる層がつながり、末端のエンドポイント層のIoTデバイスは、このIoTネットワークに接続する。エンドポイント層のIoTデバイスが収集する情報は、IoTネットワークとゲートウェイ（フォグ）の2層を通じてインターネットに発信されることになる。図1-4に示すように、クラウドまでを数えると、5層のアーキテクチャを構成する。

　IoTデバイスは、なぜ直接インターネットに接続しないのであろうか。その理由としてまず、エンドポイントデバイスは、計算能力が低く、ソフトウェアも十分に搭載されていないので、TCP/IPを実装できないことが挙げられる。TCP/IPは、さまざまな通信を1つの通信媒体に載せるので、マルチタスクを実行できるOSが必要である。そのため、OSレスで動作するエンドポイントデバイスでは、TCP/IPが使えない。IoTデバイスの中には、車載エレクトロニクスのように、高度なリアルタイム性（3.4節）を要求するものがある。そのようなデバイスは、連携するいくつかのデバイスと周期的な通信をする必要があり、TCP/IPのようなパケットが大きく、複雑な処理が必要なプロトコルは邪魔になる。IoTのネットワークは、常に無線式の

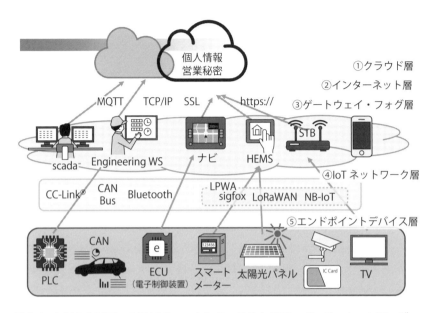

①クラウド層
②インターネット層
③ゲートウェイ・フォグ層
④IoT ネットワーク層
⑤エンドポイントデバイス層

図1-4　IoTの5層アーキテクチャ。上から、クラウド層、インターネット層、ゲートウェイ・フォグ層、IoTネットワーク層、エンドポイントデバイス層

ネットワークであるが、省電力性と両立させるためには、Wi-Fiではなく、低速度で良いが低電力で遠隔と通信する無線ネットワークが使われる（第4章）。また、低能力のエンドポイントデバイスが、安全かつセキュアにインターネットと通信するには、よりセキュアに構成されたデバイスをゲートウェイに用い、安全な通信だけを行うようにしたほうが良い。その他、さまざまな理由により、エンドポイントデバイスにはTCP/IPを実装せず、より簡便なIoTネットワークをはさむ5層のアーキテクチャが採用されることが多い。もちろん、インターネットと直接に通信するIoTデバイスも存在する。監視カメラなどがその代表だが、攻撃者にとっては、インターネットから直接アクセスが可能で、防御の弱いIoTデバイスは、格好の攻撃対象になる。

1.5　IoT のセキュリティインシデント

　情報通信研究機構（NICT）は、サイバー攻撃を可視化する攻撃トラフィックの観測・分析システム、NICTERを運用し、**図1-5**の通り、NICTERによる観測によって、2017年時点ですでにサイバーセキュリティ攻撃の半数以上がIoT機器を狙っていることを明らかにした[1]。インターネットを行き交うTCP/IPパケットを観測して、その送信先ポートが、図に示すようにtelnetなどであることからIoTデバイスを対象とした攻撃であると識別している*。

　以下、IoTを狙った攻撃がどのようなものであるか、いくつか例を挙げる。犯罪行為として実際に被害が発生した事案は少ないが、研究・解析によって、攻撃が可能であることが実証されたものを多く含む。

①デジタル複合機

　PCやサーバー以外の機器がセキュリティ問題をはらんでいることが注目されたのは、日本では2013年ごろだった。2013年3月に、IPAが「デジタル複合機のセキュリティに関する調査報告書」を発表し[2]、2013年11月には「オフィスの複合機のセキュリティが放置されている」という報道がされた[3]。1990年代から、オフィスのプリンタは、ネットワークにつながったPCからの印刷ジョブを処理するようになっていたが、2000年代に入って、同じ機械がコピーやファックスもこなすデジタル複合機に統合され、さらにWebサーバーを内蔵して各種の設定やメンテナンスをネットワークから行えるように発展していった。まさに、機械（モノ）がネットワーク機能を備えるIoTデバイスに変貌していったといえる。

　しかし、もともとがコピー機だったので、デジタル複合機がネットワークにつながるコンピュータであるという意識が低かった。実際は、ハードディ

＊　宛先ポート番号のユニーク数が 30 以上のトラフィックは、調査目的のスキャンとして除外している。

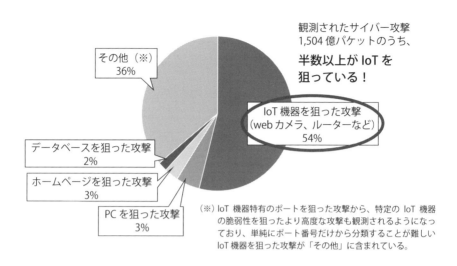

観測されたサイバー攻撃
1,504 億パケットのうち、
**半数以上が IoT を
狙っている！**

IoT 機器を狙った攻撃
（web カメラ、ルーターなど）
54%

その他（※）
36%

データベースを狙った攻撃
2%

ホームページを狙った攻撃
3%

PC を狙った攻撃
3%

（※）IoT 機器特有のポートを狙った攻撃から、特定の IoT 機器の脆弱性を狙ったより高度な攻撃も観測されるようになっており、単純にポート番号だけから分類することが難しい IoT 機器を狙った攻撃が「その他」に含まれている。

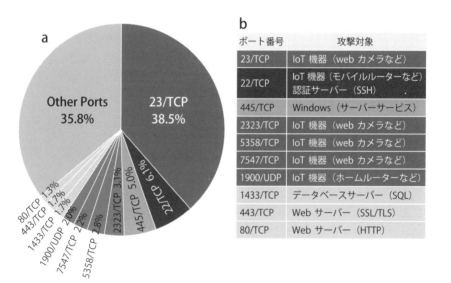

ポート番号	攻撃対象
23/TCP	IoT 機器（web カメラなど）
22/TCP	IoT 機器（モバイルルーターなど）認証サーバー（SSH）
445/TCP	Windows（サーバーサービス）
2323/TCP	IoT 機器（web カメラなど）
5358/TCP	IoT 機器（web カメラなど）
7547/TCP	IoT 機器（web カメラなど）
1900/UDP	IoT 機器（ホームルーターなど）
1433/TCP	データベースサーバー（SQL）
443/TCP	Web サーバー（SSL/TLS）
80/TCP	Web サーバー（HTTP）

図1-5　日本国内のインターネットトラフィックの攻撃パケットの分布
　　　　a：サイバー攻撃の内訳（2017年、NICTERによる観測）
　　　　b：インターネットトラフィックの受信先のポート番号

ハクを備えて大量の文書の印刷イメージや、ファックスやコピーのスキャン
を格納しているコンピュータであり、ネットワークを通じてスキャンデータ
をWebブラウザから取り出すことが可能である。デジタル複合機の情報を
Webブラウザからアクセスするには、ログイン操作が必要であるが、その
セキュリティを守るパスワードがデフォルトのままであることが多かった。
このような機器は、オフィス内で共有されるので、個人で管理すべきパス
ワードを付与するのがはばかられるという心理も働いた。そのため、たとえ
ば教育機関では学生の答案や試験問題などが、企業のオフィスでは、見積
書、契約書、知財文書などが漏洩する危険性があった。IPAは、機器をファ
イアウォールの内側に置いてインターネットから隔離すること、パスワード
を適切に設定するなどの対策を促した。

②監視カメラ

　2014年に、ロシアのinsecam.orgというWebサイトが、世界中の監視カメ
ラをスキャンして、セキュリティが甘いカメラのURLと映像を公開した。
古くからビル内の監視に使われていたカメラは専用の配線で監視所に映像を
送っていたが、最近の監視カメラの多くは、TCP/IPとHTTPでの接続が可
能なWebカメラとも呼ばれるタイプで、映像をPCのWebブラウザに表示
することができる。これらの映像を見るためには、やはりログイン操作が必
要であるが、ユーザIDやパスワードが設定されていない装置や、デフォル
トのままにしてある装置が数多く見つかり、insecamはそれらを公開した。
2016年には日本でも約6,000台のカメラ映像が丸見えになっていることが報
道された。報道によって漏洩は減ったが、2019年時点でも日本国内では
2000台以上のカメラの映像が掲載されている。

　insecamが行っていることは、違法な不正アクセスではないかという批判
もあるが、insecamは、パスワードを付ければ防げることをしていない側に
問題があると主張している。監視カメラが向けられるのは、何かしらの異常
を検知したい場所なので、コンビニの店内や、商店の受付窓口など、個人が
映っていてプライバシーの侵害に当たるような映像もあるが、大半は、駐車
場、道路、駅、工事現場、農場や畜舎、太陽光発電所など、見られても困ら

ないような映像で、それどころか、多くの人が監視してくれればありがたいくらいであろう。見られても構わなければ、パスワードもデフォルトのままで良いのだろうか？　次の③にその答えがある。

③ DNS への DoS 攻撃（Mirai マルウェア）

2016 年 11 月の朝日新聞で、「サイバー攻撃、家庭の IoT 機器悪用　ルーター販売停止」という報道があった。2016 年には、IoT という用語が一般にも広がっていたことがわかるが、記事では、ユーザーがスマートフォンで撮影した写真などを友達同士でシェアするためのストレージ機能を持った Wi-Fi ルーターが、他のネットワーク機器に DDoS（Distributed Denial of Service）攻撃をしかける可能性があるために製品が回収されたことを伝えている。

DoS 攻撃とは、ターゲットとなるコンピュータめがけて大量のパケットを送りつけることでネットワークを飽和させ、コンピュータが行いたい正常な通信を行えなくする攻撃である。DDoS 攻撃とは、DoS 攻撃を多数のコンピュータから仕掛けることで威力を増した攻撃法である。①、②は、情報を盗み見られるユーザーの問題であったが、この機器で起こった問題は、製造元が責任を負うことになった。これは、大きな転換である。前記の監視カメラでは、映像を誰に見られても構わないと思う人が多かったのでセキュリティ強化がなおざりにされたが、この Wi-Fi ルーターは、使用者のデータの問題ではなく、他の機器への攻撃に悪用されることが大きな問題となった。そして、この DoS 攻撃に荷担させられた IoT 機器には、Wi-Fi ルーターだけでなく、多数の監視カメラも含まれた。

こうした問題は、Mirai と呼ばれる IoT 機器を対象にしたマルウェアが引き起こしていることを MalwareMustDie というマルウェア調査グループが 2016 年 8 月に発見した。Mirai は、インターネットをスキャン*して、開い

＊　インターネットにつながる機器は、32 ビットの IP アドレスと 16 ビットのポート番号を持つ。インターネットのサイバー攻撃は、このすべての組み合わせを試して、接続を受け入れる IP アドレスとポートを見つけることから始まる。これをネットワークスキャンあるいはポートスキャンと呼ぶ。

たままになっているtelnetポートを見つけると、内蔵した61種類のユーザーIDとパスワードのペアを試す。運良くログインできると、いくつかのプログラムを無効化した上で、バックドアを仕掛けて攻撃者のサーバーにそのアドレスを送信する。さらにグローバルネットワーク上で同じような脆弱性をもった機器を見つけて同様の動作を繰り返し、ついには何万ものボット化されたIoTデバイスの制御権を奪取した。ボット（botnet）とは、攻撃者によってマルウェアが注入され、攻撃者の意のままに動作するように乗っ取られたコンピュータである。これらのボットは、セキュリティジャーナリストのサイトや、ゲーム「Minecraft」のサーバーにDoS攻撃を仕掛けた。そして2016年10月に起こったDyn社のDNSサーバーへの攻撃は、Twitter、NETFLIX、The Wall Street Journalなどの著名なサイトのサーバーを止めることになり、多くの人が攻撃を知ることとなった（**図1-6**）。このDNSサービスがMiraiによるDoS攻撃によって機能不全に陥ったために、上のサイトを始めとして、このDNSを利用する広範囲のサーバーがサービス不能に陥った。

　MiraiによるDoS攻撃に使われるボットデバイスの性能は低いので、1つのデバイスから送出されるパケットは多くはないが、パケットを送信する機

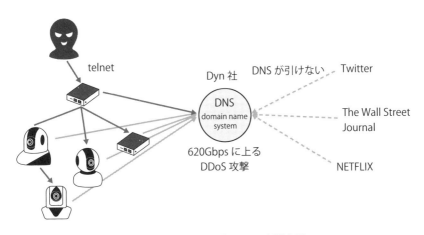

図1-6　Miraiマルウェアの攻撃方法

器の数が非常に多いため、結果的に数百 Gbps にも達する通信量を発生させてしまった。一つ一つの機器の通信量は、過剰に多いとまでは言えないので、異常動作と判定されて排除される可能性も低い。

　Mirai マルウェアを作りばらまいた、米国、ラトガース大学の 21 歳の学生は、2017 年に検挙され、有罪判決が下っている。この学生はしばらく前から、大学で重要なイベントがある日に、大学のサーバーに DoS 攻撃をしかけ、自ら救済するサービスをビジネスにしており、自身も運営する Minecraft のゲームサーバーと競合するサイトに対しても攻撃を仕掛けていた。これらの経験を元に、強い感染力を持つマルウェアを世に放った。驚くことに、犯人は、Mirai のソースコードを GitHub（コンピュータプログラムの共同開発・配布用レポジトリ）に公開している。これは、自身が犯人と特定されることを回避するためだったと言われているが、結果的に多くの類似の攻撃および Mirai の亜種マルウェアを生み出した。そのため、2019 年に至っても、Mirai の災禍は完全には鎮火していない。Mirai の後を継いで、Hajime、Bushido など日本風の名前のついたマルウェアが開発され、今度はテレビ会議システムなどをターゲットにして被害を広げている。ボット化された IoT デバイスは、0x-booter などの秘密の Web サイトで売買されているという。PC では、マルウェアを発見して除去する防護プログラムが機能するが、IoT デバイスにはそのような防護プログラムが入っていないことも被害が拡大した原因の一つである。

④車載エレクトロニクス

　自動車の IT 化、ネットワーク化は 1990 年代から積み重ねられてきており、高度な AI を活用する自動運転が間近に迫っている。自動車は、人の命を運ぶ高価な機械であるから、安全性とセキュリティへの関心が高い。現代の自動車には多数の IT 機能が搭載されているので、それを狙ったサイバー攻撃が存在する。その一つが、車を盗もうとする攻撃で、有名なのはスマートキー（キーレスエントリシステム、またリモコンキーのことを keyfob と呼ぶ）を対象にしたリレー攻撃である。

　スマートキーは 2 種類の電波を使って実装されており、鍵がドアの近くに

あることを感知してロック・アンロック動作をさせる。車体から出る長波の電波を増強して遠くにあるキーに到達させることで、あたかもキーがドアの近くにあるようにみせかけ、ロックを解除させる。自動車の鍵が簡単なしくみで開閉させられるのは驚きだが、鍵と自動車がIP接続をしているわけではないので、IoTとは呼びにくいかも知れない。

　より大きな波紋を呼んだのは、Charlie Miller氏とChris Valasek氏が、ジープチェロキーを遠隔から乗っ取れることを示した発表である[4]。詳しくは、第5章の車載セキュリティの章で述べるが、クライスラー社のテレマティクスサービスであるUconnectから走行中の自動車に接続し、ワイパーやホーンだけでなく、アクセルやブレーキまでを動作させられることを実証した。車載器の6667ポートが開いており、パスワードも設定されていなかったために侵入を許した[5]。2016年には、車載のデバッグポートであるOBD-2ポートからステアリングを操作できることも実証したため、クライスラー社は、クラッキング対策のために140万台の車両のリコールを余儀なくされた。

⑤その他の IoT 機器

　自動照準機能を備えたスマートライフルが、クラッキングによって意図しない対象に照準を合わせて引き金を引いてしまうかもしれない危険性が指摘されている[6]。また、航空機のネットワークから入って、舵が制御できるとの報道もある[7]。さらに、IoTデバイスに使われているセンサーが、物理的な攻撃に対して脆弱であるとの指摘がある。たとえば、ドローンなどに搭載される加速度・ジャイロセンサーは、強い音響信号で共振し、誤動作することが知られている[8]。同様の攻撃は、ハードディスクに対しても可能である[9]。

　このように見ると、IoTのセキュリティ問題は、デジタル複合機、監視カメラ、テレビ会議システム、車載器などのパスワードの窃取、あるいはセンサーなどハードウェアの物理的な脆弱性に起因していることがわかる。

　パスワードについて、固有のパスワードを設定すべきだとする指摘はその通りだが、これらの機器は個人で使用するものではないので、パスワードと

いう個人の記憶に頼った安全装置は働きにくい。たとえば、デジタル複合機はオフィス内で共有するモノであり、管理する部署はあっても担当者は毎年のように代わる。毎日ログインして使うものでもないので、パスワードを覚えられない。忘れた場合は大変なことになるので、紙に書いて引き継ぐのだろうか。保守のためのサービスマンにパスワードを教えるわけにもいかないし、サービスマンは、実は全機種に共通のスーパーパスワードを知っているかも知れない。このように、パスワードは個人が頻繁に使う PC やスマートフォンでは有効だが、ログインする機会の少ない、人とコミュニケーションしない組込み機器には使いにくい仕組みである。

　パスワードでログインする仕組みを備えている IoT デバイスは、おそらく Linux をベースにして組み立てられている。Linux はかなりのリソースを消費する OS なので、IoT デバイスの中では高級な部類に属する。Linux のパスワード問題というのは、従来の IT 界でも取り扱われてきた問題であるが、個人の記憶に頼りにくいパスワード、あるいは機械に埋め込まれたパスワードをどのように扱うかは、IoT セキュリティの問題である。

　一方、世の中には、Linux を使わないもっと簡単な IoT デバイスが大量に存在する。それらは、パスワードとは異なるセキュリティの問題、たとえばセンサー情報の信頼性をいかに保護するか、ハードウェアのリバースエンジニアリングによる侵入をいかに防ぐかなどの問題を対策する必要がある。これらについては、第 2 章以降で解説する。

1.6　攻撃者の狙い

　前節で、IoT におけるセキュリティ侵害事例および研究によって攻撃可能性が明らかにされた事例を見てきた。理論的には攻撃が成立するが、コストや危険を冒して実行される価値が低い問題もあるだろう。攻撃者の狙いがわからなければ、あらゆる脆弱性をふさぐ必要が生じて、対策コストも膨大になってしまう。

　いくつかの攻撃パターンを**表1-1**に示す。Miraiのように、IoTデバイスがボット化されるケースは、同質の機器が大量に出回っているというIoTの特徴をついた攻撃である。各機器の扱う情報の価値は低いので、ユーザーは積極的にセキュリティ対策を施さないという盲点を突いて、大量の機器を動員し、大規模なセキュリティ問題を起こす。自動車のような安全性が重要な機器への攻撃というのも、従来のITセキュリティでは起こらなかった、IoT特有の問題である。データを狙う場合は、スマートメーターの計測値やウェアラブル機器の個人情報などが狙われる可能性があるが、これらの情報は、クラウドに収集されていくので、攻撃者はクラウド上の集積データを狙う方が効率がよいと考えるだろう。それぞれの機器において、守るべき資産や価値は何か、それを攻撃者はどのようにして狙ってくるかを考えることが、IoTセキュリティの第一歩となる。

表1-1　ITとIoTでの攻撃目的と攻撃法

対象システム	攻撃目的	攻撃法
インターネットにTCP/IP接続するIoTデバイス	ボット化して、DoS攻撃に荷担させる	保守ポート（telnet）マルウェア（Mirai）
工場や機械装置（自動車）の制御システム	安全性の阻害（事故誘発）	不正アクセス（侵入）機器のなりすまし計測データ改竄、不正送信
	可用性の阻害（サービス不能化）	
金銭を扱う機器、スマートメータ	情報（電力量など）改竄、誤動作	機器のなりすましOTAアップデートの妨害などによるプログラム改竄入力データ改竄
ウェアラブル機器、スマートホーム	個人情報窃取	盗聴、機器のなりすまし
PC系	金銭、情報	標的型メール、ランサムウェア、キーロガー、水飲み場攻撃…

1.7　通常の IT セキュリティと IoT セキュリティの違い

　サイバーセキュリティの問題は広く認識されるようになり、さまざまな対策が講じられている。たとえば、組織においては、PC にウィルス（マルウェア）検査ソフトを導入、パスワードを更新、PC や USB メモリの持ち出し・交換禁止、新しいソフトウェアのインストールの制限、2 段階認証の導入、怪しい Web サイトの閲覧制限、標的型 E メールに注意喚起などの指導が行われている。同じ対策を IoT にも適用しておしまいにできればよいのだが、IT と IoT にはさまざまな違いがあるために、これらの対策が通用しない。詳しくは、後続する章で論ずるが、ここでおおまかな違いを**表 1-2**にまとめておく。

表 1-2　IT セキュリティと IoT セキュリティの違い

	IT	IoT
①セキュリティ脅威 （攻撃目的）	個人情報や営業秘密の漏洩、個人や組織へのいやがらせ ランサムウェア：人間を攻撃	DDoS 攻撃のための Bot 化 システムの停止、誤動作 機器偽造やなりすまし（すり替え） センサデータ改竄：機械を攻撃
②プラットフォーム	標準的 PC、スマートフォン、Windows、Linux、Android、WWW、データベース	多様な IoT デバイス、非力な MCU、RTOS
③ネットワークとプロトコル	光、メタル、無線、TCP/IP、TLS、DNS、POPS、HTTPS	無線（Wi-Fi、Bluetooth、ZigBee、LPWA） TCP/IP、MQTT、HTTP
④デバッグポート	Windows update、ssh、https	telnet、JTAG、UART
⑤ログイン認証	パスワード、証明書、バイオメトリクス	デフォルトパスワード、メッセージ認証（MAC）、埋め込まれた鍵
⑥攻撃法	不正アクセス、DDoS 攻撃、マルウェア、標的型 E メール	不正アクセス（TCP/IP）、DDoS 攻撃、リバースエンジニアリング、サイドチャネル攻撃
⑦セキュリティ実行者	ユーザー 情報システム部、専門家	機器の設計・開発者 IoT サービス運用者

①セキュリティ脅威

　ITのセキュリティ攻撃の中心は、機密性を破って情報を盗み出すことであるのに対し、IoTにおいては、機械をDDoS攻撃に参加させることや、機械の動作を不完全にすること、機器を複製・偽造して機器の機能を奪い、なりすますことにある。また、IoTはモノであるから、ハードウェアへの攻撃を考慮する必要がある。ITでは、モノにあたるコンピュータは、家の中やデータセンターに隔離されていて、攻撃者はそれらに手を触れたり盗用したりすることは難しい。一方のIoTでは、監視カメラは公共の場所に置かれているし、自動車は、公共の駐車場や出入りの多い整備工場に預けられているから、物理的に犯人の手に渡りやすい。モノが攻撃者の手に渡ればプログラムや暗号鍵など中の情報を抜き取られ、抜き取られた情報を使って同じ機器の複製を作り、他のネットワークに繋いでなりすまされる可能性もある。一方、これらの機器に大量の個人情報などが保管されることはなく、機器の制御に関する情報は攻撃者の注意をひくものではないので、これらの情報をねらった犯行は考えにくい。IoTデバイスにおいては、なりすましや機器の動作を阻害する行為に警戒すべきである。

②プラットフォーム

　攻撃の対象となる情報機器は、ITにおいては互換性の高い、標準的なPCとWindows、Linuxなどの相互運用性の高いオペレーティングシステムであるが、IoTにおいては、多様なIoTデバイスが対象になる。IoTは、さまざまな種類のプラットフォームで動作している。IoTの中でも計算量が大きなコンポーネントや複雑なプログラムを動かす場合、ネットワークゲートウェイとして働かせる場合などは、x86、x64などのIntelアーキテクチャの上のWindowsやLinuxを搭載する場合がある。この場合は、通常のPCと同じようなセキュリティ脅威の中にある。しかし、多くのIoTでは、x86やx64ではなく、より小型のプロセッサとリアルタイムオペレーティングシステム（RTOS）の組み合わせで実行される。これらのプロセッサは、PCにくらべて貧弱であるが、実世界のさまざまなものを制御するために、実時間処理の性能を重視していることが理由としてあげられる。

　さて、このようなプラットフォームは、まず、多種多様であるから、マルウェアを作って攻撃するのは難しい。PCを対象にしたマルウェアは何億種類も発見、収集されているが、それぞれにプログラミングされたわけではなく、細部を変えた亜種が大量に複製された結果である。一つ一つ異なるアーキテクチャのCPUで動作するマルウェアを作成することは容易ではない。そのため、これらの多様なハードウェア、独自のOSで動作するIoTデバイスは、マルウェア以外の脅威に注目する必要がある。一例としては、平文でのネットワーク通信である。IoTのエンドポイントデバイスは、計算能力が非力であるから、暗号化せず平文のまま通信することがよくある。

③ネットワークとプロトコル

　ネットワークも多様な無線ネットワークが使われるが、デバイスの処理能力が低いために暗号化を施せない場合も多い。IoTで収集された情報は、クラウドに届けられる場合と、近傍にある連携機器と通信する場合がある。

　エンドポイントデバイスから、上位あるいは並列する機器と通信する場合、有線ネットワークよりも無線ネットワークが使われる。安価なIoTデバイスにとって、有線ネットワークの配線にかかわる線材、配線作業のコストは相対的に大きいからである。プロトコルとしてもMQTTのような軽量なプロトコルが使われる。

④デバッグポート

　デバッグポートとは、開発と保守のために接続するポートで、各種の設定と共にプログラムの書き換えなどができるので危険である。JTAGはプロセッサの内部レジスタにアクセスしたり、メモリを改変したりできる。UARTはOSにログインして内部を調査するコマンドを実行させられる。パスワードを取り出されることもある。

　ITは、暗号によって保護されているポートが使われるが、IoTでは、より原始的なポートが平文のまま使われることが多い。たとえばtelnetはパスワードも平文で取り交わす。

⑤ログイン認証

　ITのセキュリティの要は、パスワードによる認証にある。一方、常時接

続している監視カメラなどのIoT機器には、ユーザーがログインするという行為がない。IoTデバイスがクラウドに情報を送る場合、デバイスの識別符号を事前共有鍵で暗号化して送信することになる。すなわち、IoTでは人が記憶しているパスワードではなく、機器の中に埋め込まれた事前共有鍵がセキュリティの要になる。

⑥攻撃法

サイバーアタックは、ITにおいては悪意のあるWebサイトに誘導したり、不正アクセス、標的型メールなどの方法でマルウェアを注入することが焦点になるが、IoTにおいてはマルウェアではなくデバイスに対する直接的、物理的な攻撃が可能になる点が大きな違いである。MiraiはIoTへのマルウェアであるが、Linuxを対象にしていることから、IT型の攻撃である。

⑥セキュリティ実行者

今やすべての組織にITは必須であり、そのセキュリティを守ることは組織の責務と認識されている。したがって、組織には、ITセキュリティの担当者が配置され、CSIRT（Cyber Security Incident Response Team）が構成されているケースも多い。これらのセキュリティ担当者は、インターネットから組織に侵入しようとする攻撃を検出し、所属員が組織のネットワークを適切に使うように指導をする。ところが、IoTデバイスで行うことといえば機器を買ってきて、取り付けるだけである。その段階でデフォルトパスワードを付け替える作業さえしなかったためにMiraiの問題が起こった。そのような問題を避けるには、デフォルトパスワードを付け替えなければ、本来の動作が実行できないような仕組みを入れておかなければならない。その強制ができるのは、IoTデバイスの設計者である。

これらのIoTセキュリティの特徴をクラウド、インターネット、フォグ、IoTネットワーク、エンドポイントデバイスの5層の中に示したものが図1-7である。さらに、ハードウェア、ソフトウェア、システム、制度という軸と、構想、設計から運用に至るIoTシステムのライフサイクルの中で生じてくるセキュリティの特徴を図1-8に示す。網かけの部分が、特にIoTに特

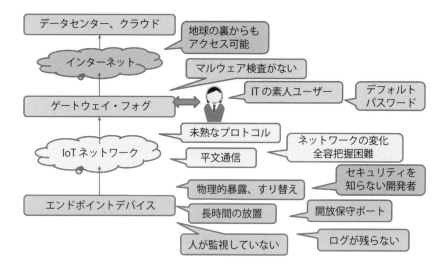

図1-7　IoTのセキュリティ上の弱点

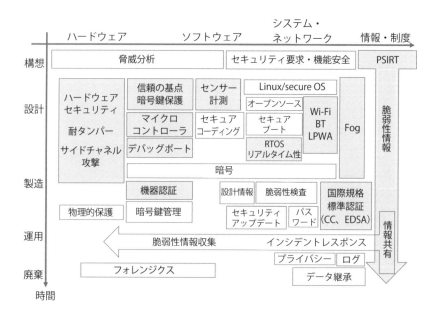

図1-8　IoTセキュリティの構造

微的な部分である。ITでは重要な、情報の機密性よりも、デバイスやハードウェアに関する部分の比重が高くなる。

1.8　IoT セキュリティのガイドライン

　ITは、本格的な普及が始まってからセキュリティ問題が深刻化し、対策が取られ始めたが、IoTは、普及の前から各種のガイドラインが発表されて、セキュリティの警鐘が鳴らされ、注意喚起が行われている。

　我が国では、内閣サイバーセキュリティセンター（NISC）が2016年8月に定めた「安全なIoTセキュリティシステムのためのセキュリティに関する一般的枠組」[10]が上位のガイドラインである。この枠組みは5ページと短い。不特定のモノと相互接続することにより情報セキュリティが安全性の問題につながることを意識して、設計・開発段階でセキュリティに配慮すること（セキュリティ・バイ・デザイン：Security by Design）、ネットワーク環境が変化するので将来の運用も含めた安全確保を考慮すること、モノとネットワークを一体としてセキュア化すること、障害発生時のサービス回復まで想定すること、IoTシステムが取り扱う情報の所有権を明確にすることなどの「一般的枠組み」を定めている。

　次のレベルには、総務省、経済産業省の支援を得て活動する民間団体であるIoT推進コンソーシアムのIoTセキュリティワーキンググループが発表した、「IoTセキュリティガイドライン ver1.0」がある[11]。こちらは59ページとかなり長く、5つの指針に21の要点を定めている。その元になったのがIPAが作成した「つながる世界の開発指針」が定めた17の指針である。この17指針を**表1-3**に掲げる。以下の章では、この指針と関連づけた解説を行う。

　一般社団法人重要生活機器連携セキュリティ協議会（CCDS）はさらに詳しく、機器群別のガイドラインを発表している[12]。2019年現在、スマートホーム、車載器、IoT-GW（ゲートウェイ）、ATM端末、POS端末などのガ

表1-3　つながる世界の開発指針（17指針）

大項目		指針	
方針	つながる世界の安全安心に企業として取り組む	1	安全安心の基本方針を策定する
		2	安全安心のための体制・人材を見直す
		3	内部不正やミスに備える
分析	つながる世界のリスクを認識する	4	守るべきものを特定する
		5	つながることによるリスクを想定する
		6	つながりで波及するリスクを想定する
		7	物理的なリスクを認識する
設計	守るべきものを守る設計を考える	8	個々でも全体でも守れる設計をする
		9	つながる相手に迷惑をかけない設計をする
		10	安全安心を実現する設計の整合性をとる
		11	不特定の相手とつなげられても安全安心を確保できる設計をする
		12	安全安心を実現する設計の検証・評価を行う
保守	市場に出た後も守る設計を考える	13	自身がどのような状態かを把握し、記録する機能を設ける
		14	時間がたっても安全安心を維持する機能を設ける
運用	関係者と一緒に守る	15	出荷後もIoTリスクを把握し、情報発信する
		16	出荷後の関係事業者に守ってもらいたいことを伝える
		17	つながることによるリスクを一般利用者に知ってもらう

「つながる世界の開発指針」情報処理推進機構（2016）

イドラインができている。また、CCDSはIoT機器の脆弱性検査ツールの開発なども行っている。CCDSのメンバーらによる「企業リスクを避ける　押さえておくべきIoTセキュリティ」（荻野司、伊藤公祐、小野寺正）は、海外のガイドラインなども解説している。これらのガイドラインは、IoTセキュリティを俯瞰し、セキュアなIoT機器の設計・開発に重要な指針となるであろう。

第2章

IoTデバイス

　IoTは、モノがインターネットにつながることであるから、モノにコンピュータとネットワーク接続機能が組込まれる。コンピュータが組込まれた機器は、従来から組込みシステムと呼ばれてきた。すなわち、IoTデバイスは、ネットワーク接続機能を備えた組込みシステムである。

　IoTデバイスは、IoTの最も重要な要素である。航空機や自動車のような大きなモノは、IoTデバイスと呼ぶよりは、IoT機能を備えた機械とでも呼ぶべきだが、ここでは航空機や自動車もIoTデバイスに含める。逆に、PCもスマートフォンもネットワークにつながるコンピュータであるが、モノに組み込まれていないので、IoTデバイスとしては扱わない。IoTをM2M通信によって特徴付けるならば、そこで使われているコンピュータがPCなのか、組込み用のコンピュータなのかは大きな問題ではないが、PCの成り立ちやそのセキュリティは、これまで十分に論じられているので、この章では、よりIoTに固有の、モノに組み込まれたIoTデバイスについて論ずる。

2.1　IoTデバイスの構成

　IoTデバイスの例として、ネットワークから起動・停止や設定温度を制御できるようなスマートエアコンを考える。エアコンは、モーターがコンプレッサーを駆動し、冷媒を圧縮して循環させることで温度を上下させるが、その制御には、センサーを使って室内の温度を検知し、インバーターを通じてモーターの出力を変える必要がある。ユーザーに目標温度を設定してもらうには、リモコンを使う。そして、ネットワークを通じて起動・停止のコマンドを受け付け、使用状況をレポートする。これらの機能を実現するスマートエアコンは、**図2-1**のような構成になっている。この他に、タイマーで停止したり、ルーバーで風向きを変える制御も入っているだろう。

　図2-1の制御装置は、コンピュータである。このように、ユーザーからの指示に従って、温度や風圧など実世界のさまざまな物理量をコントロールするのが、典型的な組み込みシステムである。そして、さらにネットワーク接

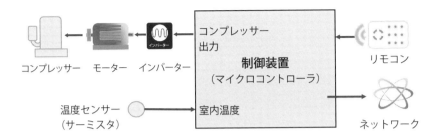

図2-1　IoTデバイスとしてのエアコン

続できるようになったのが、IoT デバイスである。ネットワーク化された家
電は、HEMS（Home Energy Management System）の重要な要素となる。
HEMSでは、総消費電力に応じてエアコンの設定温度を変えたり、ドアの
センサーが人の外出を検知してエアコンを停止させたりするなどの、機器の
連携による自動化が可能になる。

　インバーター、モーター、コンプレッサーの部分は、外界に何か物理的な
力を与える装置であるから、まとめてアクチュエーターとして考えることが
できる。エアコンには、センサーとアクチュエーターの両方があるが、セン
シングだけを行うデバイスもある。すなわち、IoTデバイスは、センサー、
制御装置、アクチュエーター、ネットワークから構成される。リモコンは、
近距離から指示を出す専用の赤外線リモコンなどであれば、制御装置につい
たボタンスイッチと同じように考えられるが、スマートフォンのアプリから
遠隔操作できるようであれば、ネットワークと同等と考えなければならな
い。また、制御装置は、プログラムされたコンピュータである。

　この図をより単純化して、IoTデバイスをITの視点で抽象化すると、**図
2-2**のようになるだろう。対人インタフェースとは、マウス、キーボード、
ディスプレイ、ボタンスイッチなどである。これは、一般的なコンピュータ
（PC）と何も変わらない。IoTは、モノのインターネットと呼ばれるが、情
報的、サイバー的に見れば、「モノ」の部分は捨象され、一見、PCなどのコ
ンピュータと大きく変わったことはないように見える。しかし、簡単に言う
と次のような違いがある。

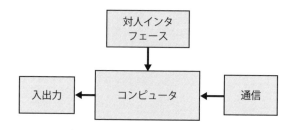

図2-2　IoT デバイスの情報系の抽象的な構成図

(1) IoT では、対人インタフェース（キーボードやディスプレイ）はないことも多い。
(2) IoT の入出力は、ディスクドライブなどではなく、実世界を制御するためのものである。
(3) IoT の通信は、常に無線ネットワークであるが、Wi-Fi や Bluetooth とは限らない。
(4) コンピュータの能力は必要最低限にされる。
(5) 全体が小さく、安価に作られる。

2.2　IoT デバイスのコンピュータ

　図2-3に示す IoT デバイスに使われるコンピュータの中身は、プロセッサとメモリ、そして各種の I/O インタフェースである。ここに PC がそのまま組み込まれているケースや、PC と類似の高性能な Intel/AMD 系のプロセッサで Linux を動作させるケースもあるが、マイクロコントローラ（マイコン）、DSP（Digital Signal Processor）、FPGA（Field Programmable Gate Array）などを用いるのが組込みシステムや IoT デバイスの特徴である。DSP は、デジタル信号処理のための高い演算性能を持つが、マイコンの性能も上がったため差が小さくなっている。FPGA は大量生産向きではないので、以下ではマイコンについて説明する。

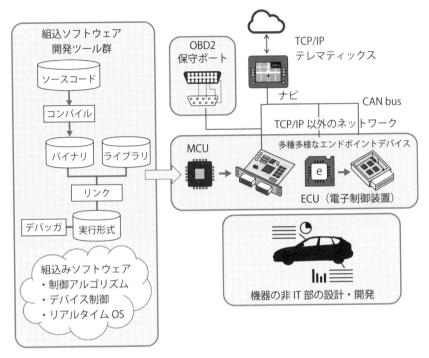

図2-3　車載エレクトロニクスにおけるデバイスの接続とファームウェア

　1980年代までは、マイコンはマイクロコンピュータのことだったが、今では、マイクロコントローラを意味するようになっている。初期のマイコンから、インテル系のように高性能を目指したタイプは、MPU（Micro Processing Unit）、組込み用に使われるようなモノの制御向きに発展したのが、MCU（Micro Controller Unit、あるいはマイクロコントローラ）である。以下では、マイコンはMCUの意味で用いる。

　MCUは、高性能よりも小型、省部品、低電力そして安価を狙ったプロセッサである。省部品とは、外付け部品が少ないことを指す。PCの蓋を開けると、マザーボードの上にはCPUの他にチップセット、メモリ、グラフィクスカード、ネットワークチップ（NIC）、SSDなど多くの部品が乗っているが、組込みシステムの内部はあっさりしている。コンピュータが実世界を

センス、制御するには、センサーやアクチュエーターとつなぐための多くの
インタフェース部品が必要になるが、MCUは、それらをCPUと同じチップ
に収納する。このような半導体チップの構成をSoC（System on a Chip）と
呼ぶ。図2-4にマイコンSoCの一般的な構成を示す。CPUの他に、プログラ
ム用の不揮発メモリ、演算用のデータを記録するRAM、各種のデバイス
インタフェース、タイマー・カウンター、DMAC（Direct Memory Access
Controller）、割り込みコントローラなどからなる。最近の半導体は、100億
以上のトランジスタを集積できるほどに高密度化が進み、PC用のMPUにも
多くの要素が組み込まれているが、MPUに組み込まれるのは、キャッシュ
メモリ、MMU（Memory Management Unit）、GPU（Graphics Processing
Unit）、マルチコアを構成するためのエキストラのCPUコアであり、MCU
の入出力機能を充実させる方向とは、発展の方向が異なる。

　IoTデバイス用のMCUには、PCには必須のキャッシュメモリやMMUが

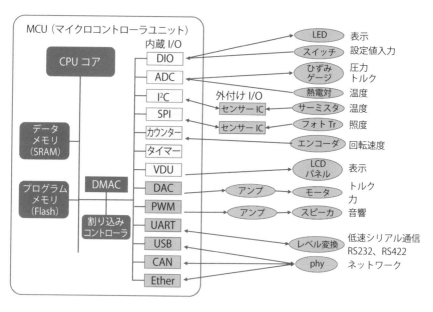

図2-4　SoC（システムオンチップ）として作られる
MCU（マイクロコントローラユニット）

ないことが多い。キャッシュメモリは、CPUを数百メガヘルツ以上のクロックで高速動作させるために必要なデバイスであるが、これがないことは、MCUのクロックは100MHz程度が上限になることを意味する。MMUは、仮想記憶の実現や、プロセス間のメモリアクセスの制限あるいはメモリの保護に必須のデバイスである。これがないことは、マルチタスク環境でのメモリの保護が行えず、仮想記憶が実現できないため、LinuxやWindowsのような高機能のオペレーティングシステムを使えないことを意味する。

　しかし実際には、組込み用のLinuxを実行するIoTデバイスが多数存在する。それらは、MMUを備える高級なMCUであるか、Atomのような簡易なx86系プロセッサをコアにしているか、MMUなしでも動作する、すなわちメモリの保護が不十分な組込み用のLinuxを用いていることになる。

2.3　MCUの性能分類

　MCUの計算機としての性能は、高性能なものでもPC用MPUの1/10程度であり、通常は、1/100や1/1000といった性能にとどまる。**表2-1**に、高性能MPUとMCUの性能、機能の差を示す。PC系のプロセッサは性能差はあるものの、その命令セットアーキテクチャは酷似しており、その証拠にPCで走るアプリケーションには高い互換性がある。一方のMCUには互換性がなく、さまざまな方式、システムがある。

　MCUにこのような多様性が生まれたのは、組込みシステムはほとんどの場合、専用機として開発され、自動車用の制御ソフトウェアをエアコンの制御にも使うというような、組込みシステム間で互換性を図る必要がなかったからである。また、機器の制御に必要な性能が明確に決まり、機器が寿命を終えるまでコンピュータを入れ替えることがないので、MCUの性能をぎりぎりまで下げて、より価格の低いMCUを採用しようとするからである。そのため、半導体メーカーは、一つのアーキテクチャで性能の低い製品から高性能品まで広いスペクトルをカバーしようとしているし、MCUのユーザー

表2-1　PC系プロセッサとマイクロコントローラの比較

	PC系プロセッサ	マイクロコントローラ
重視する性能	絶対的な処理速度 大きなメモリ空間 グラフィックス性能 高速ネットワーク、高速HDD	単位消費電力当たりの処理速度 内蔵されるメモリの量 内蔵デバイスインタフェース 小型化、価格 リアルタイム性能
発展の方向	64ビット化、ベクトル命令、キャッシュメモリサイズ、GPU内蔵	小型化、省電力化、多品種ファミリー化
入出力	ギガビットネットワーク、USB-3.1、SATA、HDMI、ディスプレイポート	Wi-Fi、Bluetooth、NFC、シリアルポート（UART）
オペレーティングシステム	Windows、iOS、Linux、Android	Linux、Android、RTOS（ITRON、AUTOSAR、VxWorks…）、ThreadX、mbed、OSレス
アプリケーション	Webブラウザ、データベース、オフィスアプリケーション、科学技術計算	機器のリアルタイム制御、遠隔制御、センシング
プログラミング言語	Java、C＋＋、Objective C、Python、Lisp、SQL	C、C＋＋

企業は、たとえば車載エレクトロニクス用にAUTOSARのような標準規格を制定して、統一的なモジュール開発が行えるようにしている。

　組込みシステムの多様性は幅広いが、**表2-2**の灰色の部分のように3レベルに分けて考えることができる。1つめは、Linuxや組込み用のWindowsが採用されるような、小型PCと呼んでも良いようなグループである。多くは、映像処理を含み、高い演算性能を必要とする。たとえば、自動車のカーナビゲーション装置である。このグループはIoTゲートウェイやフォグとしての役割を果たすことが多い。次のグループは、多様なRTOSを搭載して、マルチタスク処理を行うデバイス類である。自動車、航空機、工場の制御装置（PLC）などがこれに属する。最後のグループは、オペレーティングシステムを使用せず一つのタスクだけを連続して行う専用システムである。マウ

表2-2　IoTデバイスのプロセッサとOSによるクラス分け

デバイスの種類		OS	プロセッサ（MCU）	ネットワーク
クラウド・サーバー		Linux、Solaris	Xeon	TCP/IP
クライアントPC		Windows10、Linux	core-iN、Ryzen	TCP/IP
IoT デバイス	IoTゲートウェイ フォグ	Linux embedded Windows embedded	ARM Cortex-A with MMU	httpd、ssh、 MQTT
	エンドポイント デバイス	ITRON、Toppers	ARM Cortex-R/M、 RX…（MMUなし）	TCP/IP Wi-Fi、 Bluetooth、 LPWA
		ThreadX、mbed os		UDP、CAN
		OSレス	RL78、PIC、 Atmel、AVR	RS485、I2C、 SPI

　スや赤外線リモコンに使われているようなMCUである。最後の軽便なシステムは、ネットワークを扱うのが難しいので、ネットワークにつながるIoTデバイスは、上位の2種類であると考えて良い。以下では、Linux用MCU、RTOS用MCU、OSレス用MCUと分けることにする。

　Linux用MCUは32～64ビットアーキテクチャであり、MMUと高速処理のためにキャッシュメモリを持つ。主メモリは外部に持つほか、フラッシュメモリなどの不揮発メモリを別途持つ。スーパバイザモードとユーザーモードの区別がある。ADC（アナログ−デジタル変換器）などの入出力機能は限定的である。RTOS用MCUも32ビットアーキテクチャが多いが、MMUやキャッシュがない。メモリを内蔵するが、マルチタスクの複雑な制御を行うため、メガバイト級のプログラム用メモリと数十KB以上のデータ用SRAMを必要とする。豊富な入出力を持つ。スーパバイザとユーザーの区別があったとしても、使用しないことが多い。OSレス用MCUは、小さなプロセッサで足りる処理なので、16ビット、あるいは8ビットプロセッサである。メモリが小さく、ピン数も少ないので入出力機能も多くはない。これらの区別

に応じた具体的なプロセッサ（MCU）を表2-2に示す。

　オペレーティングシステムは、アプリケーションに対してさまざまなサービスや保護を提供するので、そこで実行できるアプリケーションも表2-1のような違いがある。重要な違いはリアルタイム制御であるが、これについては後述する。

　組込みシステムに使用されるプログラミング言語は、ほとんどC言語である。組込み系では、入出力デバイスの制御、すなわちデバイスドライバ的なプログラムが大きな比重を占めるので、システム記述能力の高いCが使用される。プログラムをROMに固定して使用することと、非力なMCUをできるだけ高い効率で走らせたいこともC言語の選択につながる。

2.4 センサーとデバイスインタフェース

　IoTデバイスは、実世界をセンスし制御するために、位置、速度、加速度、回転角、振動、圧力などの力学センサー、温度、光、電磁界などの電磁気センサー、画像や距離のイメージングセンサーなど、さまざまなセンサーを用いる。インタフェースの観点からは、センサーは、物理的な現象をアナログ電圧やパルスとして出力することに注目する必要がある。したがって、コンピュータが、センサーデータを数値として取得・記憶・計算するためには、アナログ電圧をデジタル値に変換する必要がある。この作業を行うのが、ADC（Analog to Digital Converter）である（図2-5）。

　ADCの動作を理解するためには、デジタル値からアナログ値への変換を行うDAC（Digital to Analog Converter）を先に理解する必要がある。図2-6に3ビットのDACの構造を示す。出力ポートに現れるデジタルの1、0は、ラダー（はしご）型に組まれた抵抗器によって、それぞれの重みを持った電圧に変換され、足しあわされてアナログ電圧になる。ビット数を増やせばより小刻みに電圧を出力できるが、誤差の少ないデジタル出力と抵抗器を使わなければならない。これに対して、ADCは、DACにデジタル値を順番

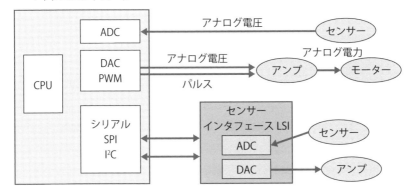

図2-5　MCUとセンサー類のインタフェース

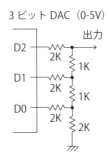

図2-6　3ビットのDAC

に与え、アナログ値に変換させた後にそのアナログ電圧を入力電圧と比較し、同じ電圧になるまでデジタル値を変化させていく。12ビットデジタル値をアナログに変換する場合、4096回の比較が必要になるが、2分探索を使えば、そのlogの12回の比較ですむ。値の変化率を比較する積分法を使えばさらに高速の変換が可能になる。

　実世界のアナログ値をデジタル値に変換するには、パルスを用いる方法もある。パルスでのインタフェースは、たとえば、モーターやギアの回転軸に取り付けられたロータリエンコーダ（レゾルバとも呼ばれる）からの回転に

応じて発せられるパルスをカウントすることで、回転角の計測に用いられる。また、MPUの内部では、クロックパルスをカウントすることで、時間を計測し、ある時間が経過したら割り込みを発生してタスクを切り替えるためにも用いられる。

　パルスは、0と1だけからなるデジタル表現であるので、連続的な電圧値でのアナログ方式に比べてノイズに強いデータ表現となる。0と1だけでは強弱が表現できないが、パルスの幅、すなわちデューティ比を変えるPWM（Pulse Width Modulation）によれば、パルスで強弱を表現することができる（**図2-7**）。パルスの振幅は常に最大値なので、電力効率が高い。IoT機器のように高い省電力性を求められる機器では、DACではなく、PWMによってアナログ的な強弱の制御をすることが多い。たとえば、Bluetoothスピーカーやスマートフォンのスピーカーを駆動するアンプは、D級アンプと呼ぶPWM方式で制御されている。

　上記の、ADC、DAC、パルスカウンタ、PWMは、MCUから直接にセン

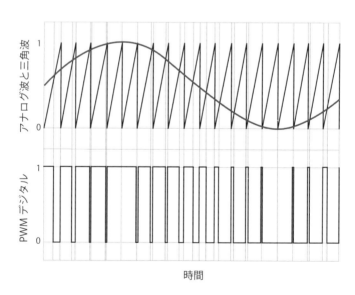

図2-7　三角波との比較によるPWMの発生

図2-8　3軸加速度センサーと3軸ジャイロセンサーを一体化した
センサーLSI（MPU-6050）
MCUとはI2Cで接続する

サーやアクチュエータを制御するために用いられるが、インテリジェントな
集合センサーチップ、たとえば6軸の加速度・ジャイロセンサーを接続する
には、SPI（Serial Peripheral Interface）やI2C（Inter Integrated Circuit, I
squared C）などのシリアルインタフェースが使われる。これらの集合セン
サーチップは、内蔵されたADCによってアナログセンサー情報をデジタルに
変換し、6軸分をまとめてMCUに送信する（図2-8）。他にも、温度・湿度・
気圧の集合センサーや、多チャンネルのADCチップなどがある。MCU側に
は、標準的なシリアル通信機能を備えておけば、さまざまなセンサー類が接
続できる。

2.5　デジタルI/Oとピンの割り当て

　IoTデバイスは実世界を検知し制御するが、扉の開け閉め、照明の点灯・
消灯などのように簡単な処理は、1ビットのオン・オフ情報で足りることも
多い。世の中には、電卓やリモコンのようにボタンやダイアルが多く付いた
機器があるが、これらも組込みシステムであり、このボタンやダイアルは、

MCUのデジタルI/Oにつながっている。デジタルI/O（GPIO：General Purpose I/Oとも呼ぶ）は、MCUから見ると特別なアドレスにあるメモリのように見え、そこにデジタル値を書き込むと、そのデジタル値の各ビットの1、0がピンを通じて外部に取り出される。各ビットは、入力として使うか、出力として使うかをプログラムでき、入力にプログラムされている場合は、外部のボタンやスイッチのオン・オフが、1または0として読み込まれる。

　デジタルI/Oは、回路としては単純なので、MCUには数十のデジタルI/Oピンが備わっている。しかし、LSIのI/Oピンは貴重な資源であるので、使わないI/Oのためにピンが消費されるのは無駄である。そのため、各ピンは、デジタルI/Oとして使うか、他の機能、たとえばシリアル通信ポートやメモリの増設用のポートとして使うかを選択できるようにもなっている。したがって、デジタルI/Oのような単純なインタフェースであっても、その使用に当たっては、ピンの割り当て、入出力の方向の選択、そしてピン出力のオープンコレクタ接続の選択などの初期設定が必要である。

2.6　MCU の実例—ARM

　2.3節で述べたように、IoTデバイス用のプロセッサを3つのクラスに分けて考えると、ネットワークに接続できるLinux用MCUとRTOS用MCUが重要である。前者の代表格として、ARMプロセッサがある。後者の代表であるRXについては後述する。

　ARMとは、1980年代初めに英国のAcorn社が設計、製造、販売したマイクロプロセッサAcorn Risc Machineのことである。Acorn社は、もともとマイクロコンピュータを使ったハードウェア、ソフトウェアを開発する会社だったので、半導体チップ工場は持たず、製造は米VLSテクノロジ社に委託した。今でも、ARM社はCPUやMCUの設計とライセンシングだけを行い、製造・販売は他社に任せている。

　MCUは、ムーアの法則に則って、高密度化、高性能化を達成してきた。

ムーアの法則とは、半導体（LSI）の実装密度が、1年半から2年で2倍になるという経験則である。実装密度の向上とは、トランジスタや回路・配線が細密化することであるが、細密化によって電子の行路長が短縮されるのでスイッチング速度が速くなる。さらに小さい電位差で動作できるようになるので、電源電圧を下げて省電力化できるというスケール則が働く。

　歴史的に、IoTデバイスのMCUは、1970年代初めの電卓用のマイクロプロセッサから発展してきた。LSIに実装可能なトランジスタの数に依存して、4ビット、8ビット、16ビットと語長、アドレス空間を拡大してきた。8ビットMCUは、80年代のファミコンや駅の券売機、90年代のモデムなどに使われていた。16ビットは、1981年発表の最初のIBM-PCがそうであったし、プリンターやCDプレイヤーなどに組み込まれて使われた。

　ところが、ARMは、80年代の初めの8ビットファミコン時代に、野心的にも32ビットアーキテクチャとして発表された。当時の半導体の集積度は十分ではなかったが、わずか3万トランジスタで実現したことが画期的であった。78年のIntel-8086は29,000トランジスタ、82年のIntel-80286が134,000トランジスタとされるが、Intel-80286は、まだ16ビットアーキテクチャであったことからも、ARMのデザインが優れていたことがわかる。

　1990年にAcornからスピンアウトした技術者がAdvanced Risc Machine社（後にARM社に改名）を設立し、ARMプロセッサの開発を継承した。当時の最新アーキテクチャであるARM6は、1993年発売のAppleの世界初のPDA（Personal Data Assistant）であるNewtonに採用されたが、商業的には成功しなかった。しかし、その後の携帯電話、ゲーム機のプロセッサに採用されて発達を続けた。他の8ビットから始まったマイクロプロセッサが16ビット、32ビットと語長を拡張するにつれて大幅なシステムの改変を必要としたのに対し、32ビットのARMは同じアーキテクチャを維持できた。

　ARMは、32ビットアーキテクチャであり、図2-9に示す各種レジスタも32ビット幅、命令長も32ビットであった。命令語長に余裕があるので、条件付き実行というユニークな機能が付加されている。各命令が、N（Negative）、Z（Zero）、C（Carry＝桁上がり）、V（oVerflow）の4ビット

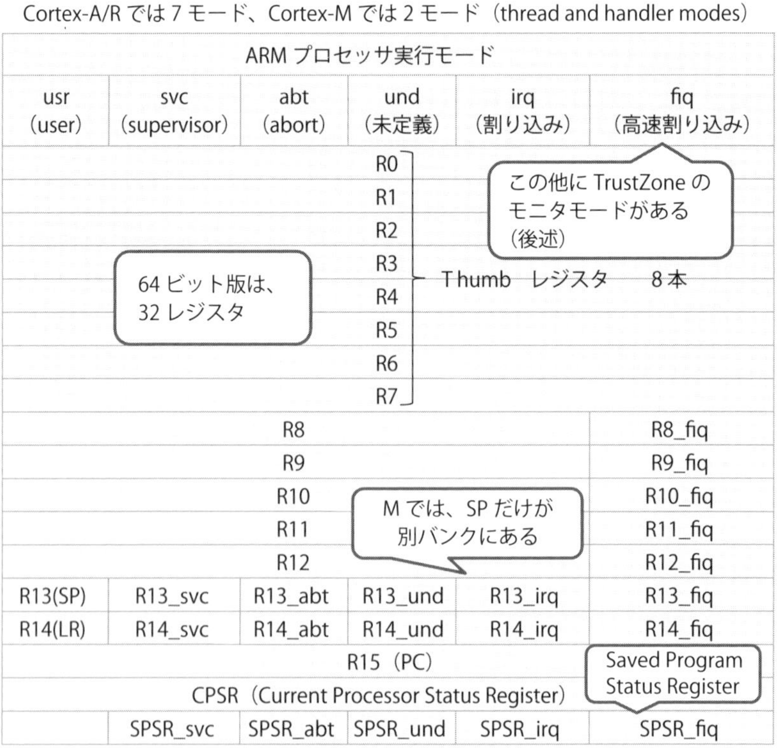

Cortex-A/R では 7 モード、Cortex-M では 2 モード（thread and handler modes）

ARM プロセッサ実行モード					
usr (user)	svc (supervisor)	abt (abort)	und (未定義)	irq (割り込み)	fiq (高速割り込み)
			R0		
			R1		
			R2		
	64 ビット版は、 32 レジスタ		R3	Thumb　レジスタ　8本	
			R4		
			R5		
			R6		
			R7		
R8					R8_fiq
R9					R9_fiq
R10					R10_fiq
R11			M では、SP だけが 別バンクにある		R11_fiq
R12					R12_fiq
R13(SP)	R13_svc	R13_abt	R13_und	R13_irq	R13_fiq
R14(LR)	R14_svc	R14_abt	R14_und	R14_irq	R14_fiq
R15（PC）					Saved Program Status Register
CPSR（Current Processor Status Register）					
	SPSR_svc	SPSR_abt	SPSR_und	SPSR_irq	SPSR_fiq

この他に TrustZone の
モニタモードがある
（後述）

図 2-9　ARM の実行モードとレジスタセット

fiq が別レジスタを使えるので、割り込みでのコンテクスト切り替えが高速化される。
汎用レジスタを専用に使う
R13：スタックポインタ　R14：リンクレジスタ　R15：プログラムカウンタ

の条件フィールドを持ち、条件が満たされるときにその命令を実行する。他
のプロセッサは、分岐命令が条件判断に使われるが、ARMでは、分岐命令
以外のロード／ストアや、論理・算術命令でも条件判断が行える。これに
よって、命令パイプラインを乱す分岐命令の使用を減らして効率化が図れ
る。しかし、32ビット命令語の12.5％もの分量をさくほどの効果があるかは
疑問である。

　32ビット命令のままでは、組込み応用には、プログラムが無駄に大きく
なる傾向があるので、使えるレジスタ数を8個に制限した16ビット命令体系

Thumbを導入した。Thumb命令セットでは、条件分岐命令以外の条件実行機能が削除された。Thumbを32ビット命令も使えるように拡張したThumb2、また64ビットに拡張したAArch64アーキテクチャでも分岐以外の条件実行は使えない。

ARMには多くの派生アーキテクチャがあるが、ARM11の後は、ナンバー制から変わって2005年にCortex-A, -R, -Mの3つのシリーズに再編成された。A（Application）は、キャッシュメモリ、MMU、FPUはもちろん、ベクトル演算機能NEON、TrustZone（後述）、マルチコアなどを備えた高性能プロセッサラインである。R（Real-time）は、AシリーズからNEONを削り、マルチコアも減らす一方で、割込応答性能と入出力アクセスの向上を図って高速無線通信などのリアルタイム応用向きとしている。図2-9のfiqモードは、高速割込モードであり、R8からR14までが新しいレジスタセットに切替わるので、これらのレジスタを退避、回復する手間を省略して割込応答性能を向上できる。M（Microcontroller）シリーズは、Aの拡張機能のほとんどを持たないが、省電力で安価な一般の組込み、IoTデバイス向きのマイクロコントローラである。Cortexシリーズの中では、Mが最も販売数が多い。Cortex-AおよびRシリーズは、高性能のプロセッサであるので、Linuxを動作させることができる他、RTOSの実装も行われている。Cortex-Mシリーズは、ThumbあるいはThumb2命令セットだけを実装した、RTOS用MCU、あるいはOSレス用MCUである。

2.7　ARMのセキュリティ機能

Cortex-Aシリーズの中には、暗号処理命令を持つタイプがある。また、Cortex-Mシリーズの実装の中には、NXP社のKinetisシリーズのように暗号化機能、物理乱数発生機能、耐タンパー機能を持つものがある。エンドポイントに使われるプロセッサは一般に低性能であるので、高い暗号処理の負荷に耐えられない場合がある。ハードウェアによる暗号化によって、10倍

以上の高速化が図れるので、エンドポイントでも暗号化を使える機会が増える。

　暗号化通信においては、あるコネクションの連続性を維持するために使われる暗号鍵（Nonce）を乱数によって生成することがある。ソフトウェア的に生成する乱数は、元にする乱数の種や周期が知られると乱数性が失われ、攻撃を受けやすくなる。しかし、ハードウェアによる物理乱数には周期性がないので、安全になる。耐タンパー機能とは、第 6 章で述べるようなハードウェア攻撃に対抗する措置であり、たとえば、電源やクロックの異常を検出すると動作を停止するような機能である。しかし、これらよりもっと重要なのは、次の TrustZone であろう。

　車載、携帯電話、IC カードなどの業界団体である GlobalPlatform は、REE（Rich Execution Environment）をセキュアにするための規格として TEE（Trusted Execution Environment）を定めている。REE とは、さまざまなアプリケーションプログラムをオープンに受け入れて、豊富な機能を提供する実行環境であり、Windows や Linux を実装する機能に相当する。その性格故に REE 全体をセキュアにすることはできないので、TEE として隔離した環境内では、機能を制限し、重要な情報資産を暗号化することでセキュリティを高めようとしている。ARM Cortex-A は標準機能として、TEE の実装の一形態である TrustZone を実装している [13]。

　TrustZone は、図 2-10 のようにマイクロコントローラにノーマルモードとモニターモードの二つの状態を持たせ、またメモリ領域をノーマルワールドとセキュアワールドに分離する。そして、セキュア領域のメモリへのアクセスをモニターモードに限定する。CPU の実行モードに応じて特権命令の実行やメモリアクセスを制限する方法は、従前から、スーパバイザモードとユーザーモードに分離し、オペレーティングシステムカーネルだけがスーパバイザモードとなる方法がとられているが、TrustZone は、このスーパバイザモードとユーザーモードの区別とは独立に、もう一種類の CPU 実行モードを持たせるものである。したがって、TrustZone の導入以前は、スーパバイザモードになればすべての CPU 資源にアクセスできたものが、TrustZone

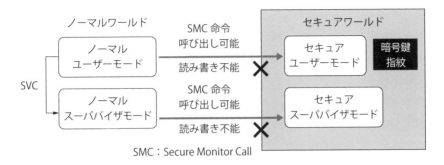

図2-10　ノーマルワールドと分離したセキュアワールドを実現するTrustZone

　の環境下では、スーパバイザモードのプログラムであってもアクセスできな
いセキュアな領域が形成される。ユーザーモードのプログラムがスーパバイ
ザの資源にアクセスするために、SVC（Supervisor Call）命令を発行するの
と同様に、ノーマルモードからは、SMC（Secure Monitor Call）命令によっ
てモニターモードに遷移する。

　セキュア領域のメモリには、暗号鍵、パスワード、指紋などの認証に用い
る重要なデータと、それにアクセスするプログラムを置く。このプログラム
は、SMC命令で呼び出されて、暗号・複合処理や認証の成否を判断して、
ノーマルワールドに結果を返す。セキュアモードのプログラムが注意深く作
成されている限り、セキュアワールドの秘密情報がノーマルワールドに漏出
することはない。

　しかし、注意深くというのは、かなり悩ましい問題である。例えば、ノー
マルワールドからの、「パスワードは何ですか」という問い合わせに答え
て、パスワードを渡してはいけない。あくまでノーマルワールドから渡され
る試行パスワードが、セキュアワールドだけが知っている本当のパスワード
と合致するかを計算して、その結果だけをノーマルワールドに返すようにし
なければならない。

　では、セキュアワールドだけに正しいパスワードを保管するにはどうした
らよいだろうか？　セキュアワールドがDRAMなどの揮発性メモリであれ

ば、ブート時に、外部のハードディスクなどの不揮発性メモリからパスワードを読み出してセットする操作が必要になる。ただし、ハードディスクはセキュアワールドではないので、実はノーマルワールドにパスワードが置かれていることになる。一案として、ノーマルワールドのパスワードは暗号化しておく手がある。しかし、その暗号鍵がノーマルワールドに置かれていると意味がない。したがって、セキュアワールド内に小さい不揮発メモリを確保して、そこに秘密の暗号鍵を保管しておくのが良いことになる。では、その秘密鍵をノーマルワールドからセットするにはどうしたらよいだろうか？というように、ノーマルワールドとセキュアワールドを分離するのは良いアイデアに思われるが、秘密の情報をセットする方法は簡単ではない。

　TrustZone は、2004 年頃から普及が始まり、2019 年時点で、Linux 用に TrustZone を使って情報を隔離したり暗号化したりするために、OP-TEE と呼ぶオープンソースのパッケージが公開されている[14]。Samsung は、スマートフォン上で TrustZone を使って秘密情報を保護するためのモバイルアプリケーションである Knox を公開している。今後も利用が拡大するだろう。

　PC などで情報を保護する方法として、TPM（Trusted Platform Module）と呼ぶチップを追加する方法が使われているが、TrustZone は MCU のチップ内で情報を保護できるのが特徴である。TPM では、CPU からのアクセスが、チップ外の配線をタップすることで攻撃者に読み取られる可能性があるが、チップ内の保護であれば、そのような攻撃は非常に困難になる。ただし、TrustZone を使ったとしても、メモリを CPU や MCU とは別チップで実装する場合は、通信中にパスワードを読み取られる危険性がある。

2.8　MCU の実例―ルネサス RX

　2018 年は 306 億個（前年比 18%増）の MCU が売られ、186 億ドル（前年比 11%増）の売り上げがあった。1 個あたりの平均価格は 1.65 ドルと言うことになる。この販売個数の 20%は、ルネサスエレクトロニクス社製

（Renesas Electronics）のMCUである。RXシリーズは、ルネサス社が製造する複数のMCUアーキテクチャの中で、中位に位置する32ビットMCUである。MMUやキャッシュを持たないが、単精度のFPUを持つので、ARM Cortex-M3、M4レベルに当たる。

　RXシリーズにも数多くのバリエーションがあるが、いくつかには、TSIP（Trusted Secure IP）と呼ぶセキュリティ機能が搭載されている。TSIPは、チップ内にセキュア領域を設けるのはTrustZoneと似ているが、分離されるのはメモリではなく暗号回路である（**図2-11**）。TSIPは、第8章で述べるCC認証を受けている[15]。ハードウェア暗号回路や物理乱数回路があるのはARMのセキュリティ機能と同様である。セキュア領域に構成されるこれらの回路には、アクセス制御機能があり、一定の手順を踏まないとセキュリティ機能を使用することができない。すなわち、ルネサス社の提供するライブラリを使用しないようなマルウェアからのアクセスを排除できる。暗号回路を働かせるユーザーの暗号鍵は、セキュア領域に置かれる。非セキュア

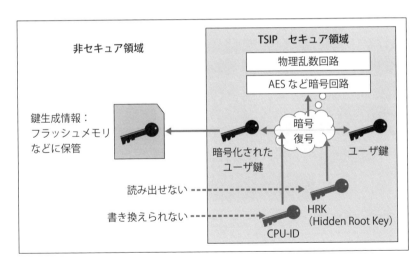

図2-11　TSIPの概念図

裸のユーザー鍵は、セキュア領域だけにおかれる。不揮発性メモリに記憶するための鍵生成情報は、2重の暗号化を施して作成される

領域からは、この暗号鍵を読み取ったり書き換えたりすることはできない。セキュア領域は揮発性であるので、ユーザー鍵は非セキュア領域から読み出して不揮発性メモリに保存しなければならないが、そのユーザー鍵は、HRK（Hidden Root Key）とCPU-IDで暗号化される。HRKは、非セキュア領域からは絶対に読み出すことができない。また、CPU-IDは読み出すことはできるが、書き換えることはできない。そのため、非セキュア領域に取り出された鍵生成情報からは、ユーザー鍵を抽出することはできない。さらにCPU-IDは、チップごとに異なるので、鍵生成情報を他の同種の機器にコピーして同じプログラムで使おうとしても、ユーザー鍵は再現されない。すなわち、鍵生成情報を盗み出しても、その機器になりすますことができない。このように、非常に安全性の高い仕組みが実現されており、ARMのTrustZoneで課題となった鍵を外部で保管する問題が見事に解決されている。TSIPのようなハードウェアの力を借りて、システム全体のセキュリティを確保する手段を信頼の基点（root of trust）と呼ぶ（図2-12）。

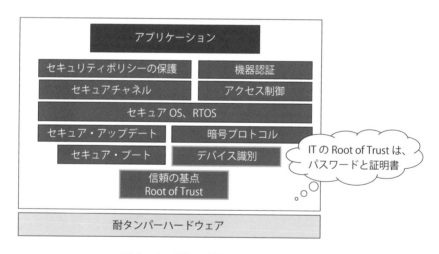

図2-12　信頼の基点（Root of Trust）

各種のセキュリティ機能の実現には、暗号鍵を安全に保管する信頼の基点が必要。米FIPS-140-2：秘密鍵はセキュアな領域のみで扱うこと。TPM、TSIPなどが信頼の基点を形成する。
（IIC Endpoint Security Best Practicesを改訳）

第 3 章

制御システムの
セキュリティ

　人間社会における制御（control）や管理（management）という言葉は、誰かが他の誰かを支配下に置いていることを意味していると言って嫌う人がいる。しかし、原子炉の制御や核兵器の管理と言えば、厳重にやってもらわないと困ると感じるだろう。本章で述べる制御システムは、もちろん後者の意味である。

　ここでの制御システムとは、たとえば、自動車でエンジンへの燃料の流量を制御したり、工場の中で化学反応の温度を制御したりする機構を指す。原子炉の制御も行っていることは同じである。

　脳が神経を通じて、身体の器官や筋肉の動きを制御するように、自動車や工場ではコンピュータが、ネットワークを通じてさまざまな設備、装置の動きを制御している。コンピュータとネットワークがあり、その先に何か価値のあるモノがぶら下がっていれば、セキュリティ問題が生じる。それをIoTセキュリティの中で論じるのは、制御システムの内部では、機械同士のM2M通信が行われていて、IoTと構造が近いこと、そして制御システムは比較的最近インターネットに接続するようになり、セキュリティ問題が注目された前歴があるからである。

　制御システムは、発電所、病院、水道、航空、石油プラント、行政などの重要インフラで使われており、そのセキュリティは国民の生活に影響が大きいため各国で注目された。制御システムのセキュリティは、IoTシステムセキュリティの前哨戦に当たり、その経過はそのままIoTセキュリティに活用できる。

3.1　制御システムとは

　制御システムとは、工場などで機械を制御するコンピュータ・ネットワークシステムであると書いたが、そもそも制御とは何であろうか。歴史的に制御が意識されたのは、**図3-1**のように蒸気機関の回転速度を一定に保つために、シリンダーに導入される蒸気量を変化させたガバナー（governor）と

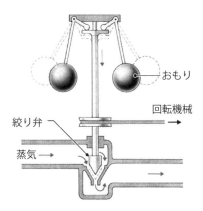

（出典：「遠心調速機の原理」（小学館『日本大百科全書（ニッポニカ）』より））

図3-1　蒸気機関のガバナー

いう機構であるとされる。「回転速度」という目標とする量があるが、回転
速度は直接には操作できないので、「蒸気量」という回転速度に影響を与
え、かつ直接に変化させられる量を制御することで目標を達成しようとして
いる。重要な点は、回転速度が増えすぎる（＋）と、蒸気量を減らす（－）
という、逆の動作を行わせることである。

　蒸気機関のガバナーは機械機構であったが、同様の仕組みは電気において
も実現できる。電気回路は、入力信号に応じて出力を変化させる。たとえ
ば、5倍の増幅回路は、0.1Vの入力に対して0.5Vを出力し、0.3Vの入力に対
しては1.5Vを出力する。ところが、この倍率は増幅素子の非直線性、負荷
のばらつき、また雑音の影響を受けて歪みが混入し、正しく5倍にならない
ことがある。そこで、入力と出力の比率が正しく5倍になるように増幅率を
微調整できるようにする。そのために、出力の極性を反転させ、その一部を
入力に戻して入力に加える。そうすると、たとえば、出力が異常に大きく
なった場合は増幅率が下がって、出力が引き下げられ、期待した倍率に近づ
けることができる。

　このような電気回路は、ネガティブフィードバック（NFB）制御として、

ハロルド・ブラック（1898-1983）というエンジニアによって1927年に特許
化された。ハロルド・ブラックは、当時の電話の通話可能距離を伸ばすため
に音声信号を真空管によって増幅する方式を考えていた。そして、真空管増
幅器を何段も重ねると歪みが大きくなって使えなくなることへの対策とし
て、大きくなり過ぎた信号の増幅を抑制する方式、すなわち負帰還方式を考
案した。彼は、このアイデアを通勤途中のフェリー船の上で思いつき、即座
に読みかけの新聞にスケッチを描き、出社後すぐに上司のサインをもらって
先発明の証拠にしたと伝えられる。

　この考え方は、ノーバート・ウィナーによって、サイバネティクスという
体系にまとめられた。サイバネティクスとは舵取りという意味で、目標値と
状態値の差がある場合、差が打ち消されるように操作を加えれば、やがて目
標に達することを言う。人工的な制御だけでなく、渡り鳥の航法のような生
物の合目的的行動や、生物の数（人口）が生態系の中で一定に保たれる仕組
みなどもサイバネティクスで説明できる。

　このような制御法は、**図3-2**のようなフィードバックループとしてモデル
化される。ノーバート・ウィナーが示したようにこのモデルは、普遍的かつ
強力である。工場や発電所では、反応の温度や圧力を一定に保ったり、モー
ターを回して物の位置を合わせたりという制御を行うが、一様にこの方式で
制御可能である。

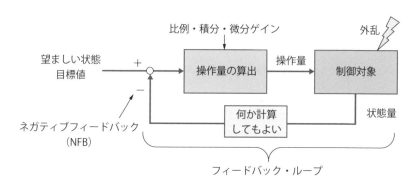

図3-2　フィードバック制御ループの一般的モデル

　図中の望ましい状態、目標値というのが、前記の増幅回路のたとえでは入力信号に相当する。操作量は出力に、状態量が負荷にかかっている電圧に相当する。増幅回路では、これらの量はアナログ的な電圧で表現されるが、0.1Vを数値の100に、0.3Vを300に対応させるなどすれば、数値によって表現可能であり、したがって、デジタルコンピュータで操作量を計算することができる。さらに、図3-2の3つのブロックからなる構造は一般性があるので、これらを1つのパッケージとして構成することも可能である。外から目標値と操作量の算出法、たとえば比例ゲインを指定し、センサーから状態量を入力すると、適当な操作量を出力するような制御装置である。制御システムの世界では、この制御装置は**図3-3**のようなPLC（Programmable Logic Controller）と呼ばれる製品になっている。

3.2　シーケンス制御

　前節で述べたフィードバック制御に対して、シーケンス制御と呼ばれる制御がある。シーケンスとは、物事を処理する順番を意味する。たとえば、電子楽器のMIDIという規格では、コンピュータは譜面の音符を順番にタイミングをとって出力し、楽器を鳴らす。順番は、時刻通りに実行する場合もあるが、たいていは前の処理が無事終了したら次の処理を行うというものなの

図3-3　PLC　複数のPLCを連ねて使用される（三菱電機（株））

で、処理の終了を検知・確認する方法が必要になる。また、その結果によって次の処理を変更することがありうる。たとえば、容器に液体を注入し、規定のレベルに達したら弁を閉じ、別の液体を注入するといった具合である。

　このようなシーケンス制御は、全自動洗濯機、ガソリンスタンドの洗車機など身の回りにも随所に見られる。工場では、ベルトコンベア、パーツフィーダ、NC工作機械、マシニングセンタなどの自動化機械として活躍している。マシニングセンタは、手先の工具を取り替えながら指定された手順に従って機械加工を施す。

　フィードバック制御とシーケンス制御を合わせた制御システムとして、産業用のロボットマニピュレーターがある。エンドエフェクタ（指先）が、3次元空間中で指定された軌道を描くには、各関節の角度や速度をフィードバック制御する必要がある。掴む、運ぶ、離すなどの作業は、シーケンス制御で行う。位置や軌道の目標値と作業の種類は、3次元モデルを使って生成することもできるが、熟練作業員が動作をやって見せて、同じことをロボットに再生するプレイバック制御を用いることもある。教示軌道を記録するために、ゲームのリモコンのようなプログラミング（ティーチング）ペンダントを用いる。熟練作業員が、プログラミングペンダントを操作してマニピュレーターを動かし、適当な位置・姿勢を取らせてボタンを押すと、そこでのモーターの位置が記録される。把握点、中間点、転換点などの要所での位置・姿勢を指定すると、途中の軌道はコントローラーが自動生成する。すべての要所を入力し終わり、実際にマニピュレーターに作業させる段階では、コントローラーが軌道を生成し、要所を通過して、ハンドを開閉させたり、塗料を吹き付けたり、溶接したりといった作業を実行する。

3.3　制御ネットワーク

　PLCは、工場の中でネットワークに接続して使用する。PLCが接続するネットワークは、制御ネットワーク、あるいはネットワーク規格ではフィー

ルドバスと呼ばれる。**図3-4**にノィールドバスの位置づけを示す。フィールドバスを通して、上位のエンジニアリングワークステーションから、PLCへのコマンドが送られる。PLCは、そのコマンドを受け取って、温度や圧力や流量を制御する。フィールドバスは、オフィス系のEthernetやWi-Fiとは、物理層、データリンク層から異なる種類のネットワークである。

　フィールドバスは、国際規格としてIEC61158に**表3-1**のような19種類が登録されている。国際規格としては1種類のネットワークであるべきだが、有力な企業の提案が複数採用された結果、19種類に達した。EthernetやWi-Fiにも、速度や周波数によって多くの種類があるので複数の規格があっても不都合がないように感じられるかもしれないが、19の規格のそれぞれにEthernetの10Base-T、100Base-TXなどの複数の種類があると考えた方が良い。つまり、フィールドバス間には互換性がなく、専用のPLCが必要

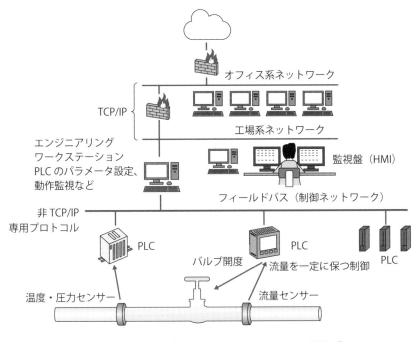

図3-4　フィールドバス（制御ネットワーク）の位置づけ

表3-1　規格化された各種のフィールドバス
CPF7は廃止　CPF4、14、17は使用が限定的なので省略

CPF^{(*}	ネットワーク	推進機関
1	FOUNDATION Fieldbus（H1、HSE）	Fieldbus財団
2	CIP（CotrolNet、EtherNet/IP™、DeviceNet™）	ODVA（Open Device Vendors Association）協会、オムロン
3	PROFIBUS、PROFINET	SIEMENS
5	WorldFIP	CERN
6	INTERBUS	Phoenix Contact, InterbusClub
8	CC-Link	三菱電機
9	HART	HART財団、米Rosemount Inc.
10	Vnet/IP	横河電機
11	TCnet	（社）日本計測器工業会（JEMIMA）、東芝
12	EtherCAT	EtherCAT技術グループ、独Beckhoff Automation
13	Ethernet POWERLINK	オーストリアB&R Industry Automation社、EPSG
15	Modbus RTPS	Modicon社、Modbus組合
16	SERCOS	独Sercosインターナショナル
18	SafetyNET p	Safety Networkインターナショナル
19	MECHATROLINK	安川電機

であるが、PLCの中には複数のフィールドバス・プロトコルで通信を行えるタイプがある。

　これらのフィールドバス・プロトコルは、IPのようにネットワークを超えて通信する機能を持たない代わりに、単純・高信頼でリアルタイム性に優れ、低コストで実現できる。速度は、1Gbps以上に達するEthernet系に比べると遅いが、最近は光ファイバーを用いた高速版も使われている。フィールドバスは、当初、高価なEthernetの代わりに安価なネットワークとして普及した側面もあるが、最近は、EthernetのNIC（ハードウェア）が安価になったので、Ethernetのデータリンク層をそのまま使ったリアルタイムEthernetが普及を見せている。表3-1にあげた規格でも、リアルタイム

Ethernetの上に実装されるプロトコルは多い。表3-1中で特にノード数が多いのは、SiemensのPROFIBUS、PROFINET（CPF3）である。日本国内では、三菱電機のCC-Link（CPF8）が最も多いと推測される。

世界で最初のPLCは、1968年、マサチューセッツ州のModicon社がDEC社のミニコンを内蔵する装置として自動車の製造工程に導入した。その後、マイクロプロセッサによる小型化、高性能化が進み、多数のPLCが使われるようになる。1979年にModicon社は、PLCを管理・運用するフィールドバスであるModbus（CPF15）を開発する。まだPCやMacが産声を上げる以前に、工場内をコンピュータ化、ネットワーク化する動きがあったというのは驚きである。しかし、工場の生産技術は、競争の激しい領域なので、企業は、システムの高性能化やコストダウンのための技術を積極的に取り入れようとする。オフィスにOA（Office Automation）やLANが導入される頃、FA（Factory Automation）やCIM（Computer Integrated Manufacturing）などのかけ声と共に、工場にも制御ネットワークが導入されていった。

3.4 リアルタイム性

前節でリアルタイム通信という用語が登場した。IoTデバイスは、リアルタイム制御を目的にしている。ここで、リアルタイム制御、リアルタイム処理、リアルタイム通信などに出てくるリアルタイム性という概念、品質性能と、そのソフトウェア的実現について解説しておく。

社会でのリアルタイムという言葉は、「今やっている放送」、すなわち生放送の意味で使われるため、リアルタイムで処理するということは「今すぐ、高速でやること」という錯覚があるが、情報工学でのリアルタイムとは、「指定された〆切り時刻までに処理を終わらせること」を意味する。たとえば、ビデオ映像は、1/30秒あるいは1/60秒のフレーム時間内に次の画像を

＊ CPF：Communication Profile Family

表示できないと、滑らかな動画表示にならない。CDプレイヤーは、44.1kHzのサンプリング周波数に合わせて22.7μsごとに次のサンプル値を送り出さなければ音声が乱れる。ロボットは、10msなどの決まった間隔で関節のトルクを適切に決めてやらないと倒れてしまう。マウスの動きに画面上のポインタが追従するのもリアルタイム処理である。もっと長い〆切りでもリアルタイム処理は存在する。たとえば、30秒制限の囲碁将棋の対局では、30秒という〆切りを守らないとタイトルを失ってしまう。ものを作って収める契約には何ヶ月後かの納期が書かれているが、納期すなわち〆切りを守らないと契約不履行で大変な問題になるはずだ。逆に、みんなが〆切りを守ってくれれば、平和な暮らしが保証されることも多い。

　〆切り時刻が決まっていて、処理にかかる時間がわかっていれば、その処理時間が取れる時刻に処理をスタートさせれば良い。ただし、処理を始めた後に、より優先度の高い作業が飛び込んでくるかもしれないので、確実を期すには、処理しなければならない作業をすべてリストアップして、与えられた時間に収まるようにプランニングする必要がある。これは、決まった大きさの容器の中にいろいろなサイズの荷物を詰め込む、いわゆるナップサック

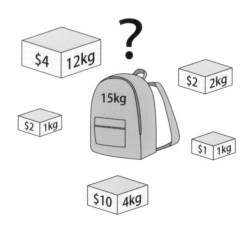

図3-5　ナップサック問題

与えられた容器（ナップサック）の限界に収まるように最もたくさんの荷物を詰め込む組み合わせを求める問題

問題（**図3-5**）であるが、ナップサック問題はNP完全の難しい問題であることがわかっている。そして実は、処理にかかる時間は、あらかじめわからないことの方が多い。したがって、〆切りを守るために各種の処理をあらかじめスケジューリングする方法は、ほとんど不可能であることがわかる。

　代わって現実的に行われる方法は、処理に優先順位を付けて処理することである。例をあげると、窓口に作業を依頼する方法として、来訪、電話、郵便の3種類があれば、この優先順序で処理すべきであろう（電話が優先されることが多いのは間違っていないだろうか）。論文提出の〆切りが迫っていれば、食事を1回抜くこともあるだろう。バケツに入った溶液の温度を制御ファンのモーターと温度センサーの読み取りはどちらが優先されるべきだろうか。一般には、「〆切りが差し迫っているタスクを優先する（EDF[*]）」、「短周期で実行されるタスクを優先する（RMS[**]）」、「短時間で終了する処理を優先する」などのルールに従って優先度を与える。

　プロセッサが一つしかないと、どの処理を優先するかの葛藤が生じるので、プロセッサを複数にする方法も効果がある。先の例では、窓口の担当者を増やしたり、モーター制御と温度読み取りを二つのプロセッサで実行する。この方法では、忙しいくらいに仕事があるときはよいが、仕事がない状態になると、複数のプロセッサをまかなうための電力などの無駄が増える。また、プロセッサの数は有限なので、仕事が増えすぎれば、やはり優先度の葛藤が生じる。

　プロセッサの性能が低いので、リアルタイム性が上がらないという表現をすることがある。プロセッサの性能が低いと、必要な処理を〆切りまでに終わらせるためには、処理を十分に前に始めなければならなくなる。場合によっては、処理を指示されてすぐに始めても、〆切りまでに終わらないかもしれない。逆に、プロセッサの性能が高ければ、処理の開始を遅らせることができる。ナップサック問題で考えると、プロセッサの性能は、ナップサッ

ク（容器）の大きさに相当する。ナップサックが大きい、すなわちプロセッサの性能が高ければ、いろいろな箱、すなわちタスクを適当に入れてもサイズの上限に収まる。

　ソフトウェア的にリアルタイム処理を実現するには、タスクに付けられた優先度にしたがってタスクをスケジューリングできればよい。VxWorks、ITRONなどのRTOSは、優先度を厳密に守ったスケジューリングを行う。一方、WindowsやLinuxは、優先度の低いタスクにも少しずつプロセッサ時間を割り当てるようなスケジューリングを行う。オペレーティングシステムは、クリティカルなデータ構造を操作する場面などでは、データ構造の整合性を保つために割り込みを禁止する。RTOSは、この割り込み禁止期間が最小限になるように作られている一方で、WindowsやLinuxにはかなり長い割り込み禁止期間が生じるので、タスクの起動に遅れやゆらぎが生じやすい。

　通信におけるリアルタイム性の実現には、やはりパケットに優先度を付ける方法と、一つのネットワークのパケット時間を時分割して、各タイムスロットを固定的にタスクに割り当てる方法がある。後者は、上記のマルチプロセッサによる対応と似ている。Ethernetにはそのどちらの機能もないが、前節で述べたフィールドバス規格には、どちらかのリアルタイム機構が組み込まれている。

　リアルタイム処理は、限られた計算資源、ネットワーク資源を有効に共有するための取り決めなので、ルールから逸脱させるような攻撃が起こると、処理が乱れると想像できる。たとえば、悪性のプログラムが、タスクの優先度を変更したり、常にCPUを要求し続けるような動作をしたりすれば、本来の高優先度タスクが十分に走れなくなる。また、キャッシュメモリを持つシステムでは、キャッシュメモリも共有資源であるので、メモリのあちこちにアクセスしてキャッシュを汚すような動作をすると実行時間が変わる。ネットワークについても、無駄な通信を挿入すれば本来の通信に影響を与える。優先度制御が完全に動作すれば、このようなDoS攻撃に対しても高優先度のタスクの実行は阻害されないが、小さなリアルタイムシステムはスー

パパイザとユーザー権限の区別を付けない場合も多く、本来スーパバイザ権限でしか許されない優先度変更が実行されてしまうと、システムは大きな影響を受けうる。

3.5　制御システムのセキュリティインシデント

　内閣サイバーセキュリティセンターは、2019年に14の分野を重要インフラと定めて、その防護策を講じている。14分野とは、情報通信、金融、航空、空港、鉄道、電力、ガス、政府・行政サービス、医療、水道、物流、化学、クレジット、石油である。これらの多くはモノとつながるので、工場の制御システムとよく似た性質を帯びており、IoTの影響も強く受ける分野である。重要インフラのセキュリティが重要視されるようになったのには、Stuxnetが引き起こした重大なセキュリティインシデントが関わっている。

　Stuxnetは、2010年にイランの核濃縮施設で発見されたマルウェアである。当時から、イランは、国際協約に反して核兵器の製造を開始しており、エスファハーン州ナタンズに遠心分離機を設置して核燃料の濃縮を行っていた。この遠心分離機は誤作動、故障が多く、遠心分離機の追加導入を余儀なくされていたが、2010年6月に、ベラルーシのセキュリティ会社が、この遠心分離機の故障は、Stuxnetと呼ばれるマルウェアによるものだと発表した。このマルウェアは、USBメモリから感染したと推測される。

　Stuxnetのマルウェアには2種類あり、1つは、遠心分離機のPLCを異常動作させ、過回転させて故障させるもの、もう1つは、Windowsの監視装置に侵入して、PLCからの異常検出信号を隠蔽して、あたかも正常動作しているように表示するものだった。最終的には、8400台の遠心分離機のすべてが稼働不能に陥ったとされる。しかし、おそらく2009年から攻撃が始まっていたにも関わらず、原因がサイバー攻撃であると特定されたのは、1年半後であった。

　この事件にはいくつかの教訓がある。1点目は、侵入経路としてネット

ワークではなく、USBメモリが使われうることである。2点目は、複数のマルウェアが協働してオペレータの目を欺く動作をすることである。3点目は、異常動作があったときにサイバー攻撃の可能性を疑うことの重要性である。3点目の教訓は、感染を局部に抑え込めずに全システムへの拡大を許してしまったことにつながる。

　マルウェアは、Windowsの未公表の4種類の脆弱性を悪用するように作られていた。いわゆるゼロデイ攻撃である。したがって、各施設側がサイバー攻撃だとすぐに気づいたとしても、即時に防御することは困難であった。さらに、驚いたことに、この攻撃は米政府とイスラエルの情報機関との共同で行われたと報じられている[16]。

　重要インフラへのサイバー攻撃としては、2015年と2016年のクリスマスに実行されたウクライナの電力ネットワークへの攻撃も大きな停電被害をもたらした。2015年のマルウェアは、電力会社のオペレータのPCに巣くってキー入力からログインIDやパスワード情報を収集し、犯人は遠隔から手動操作で電力網を異常動作させた。2016年のマルウェアは、産業機器の遠隔操作プロトコルを備え、いわば全自動で発・送電系の破壊工作を行った。

3.6　制御システムのセキュリティ脅威が発生する経緯

　制御システムのセキュリティ脅威は、Stuxnetから一挙に拡大した。制御システムは、国家の重要インフラを支えている。もし攻撃が成功した場合、被害は1企業にとどまらず、社会に大きな影響を及ぼす。ここでは、制御システムセキュリティの特性を考える。

①制御システムをインターネットに接続
　1980年代から、工場の機械化・自動化が加速する。先進的な工場にはロボットが導入されて、生産性を上げていった。同時に、工場の制御ネットワーク導入が進んだ。しかし、制御ネットワークは工場内の特殊な専用ネッ

トリークであり、外部と接続することはなかった。工場などでモノを生産するための製造装置は、もともとはその製造メーカーが作っていたが、次第に分業化が進み、製造装置のメーカーと製造装置を使ってモノを作る・組み立てるメーカーに分化してくる。たとえば、半導体製造は製造装置を製造メーカーが作っていたため、1990年代まで日本が強かったが、製造装置メーカーが分離して、韓国や台湾のメーカーが製造装置を購入できるようになったので、日本は強みを失った。

　また、工作機械などの製造装置は、過酷な動作を長時間継続するので、保守が欠かせない。保守には、製造装置のメーカーの力を借りる必要があるので、次第にこれらの製造装置をインターネットにつなぎ、製造装置メーカーがオンラインで保守を行うようになった。装置に新しい機能を付加する場合は、制御プログラムを書き換えることもある。製造装置の保守に限らず、他の工場と連携させたり（Connected Industries）、セールスが情報を得たりするために、制御ネットワークを外部に接続する機会が多くなる。インターネットに接続すると、世界中からの攻撃にさらされることになる（**図3-6**）。

②制御システムの汎用化

　産業用のネットワークとしてフィールドバスに代表される特殊な専用ネットワークが使われていたのは、コスト要因が大きい。Ethernetより低速で良いため、簡便で安価なネットワークとしてフィールドバスが使われていた。しかし、今や、Ethernetの価格は十分に下がった。オペレーティングシステムも専用OSが使われていたが、今ではPLCにもLinuxが使われることが多くなった。Linuxが無料のオープンソースであることの価値は非常に大きい。Linuxにもリアルタイム機能が搭載されるようになり、Ethernetにもリアルタイム規格が登場している。攻撃者になじみのない特殊な装置でなく、一般的なPCと同じプラットフォームが制御系に入ると、攻撃者を引きつけることになる。

③可用性重視

　IT界のセキュリティは、主に情報漏洩を心配してきたが、制御システムに流れるセンサーなどの情報は、漏洩しても悪用できる情報ではない。しか

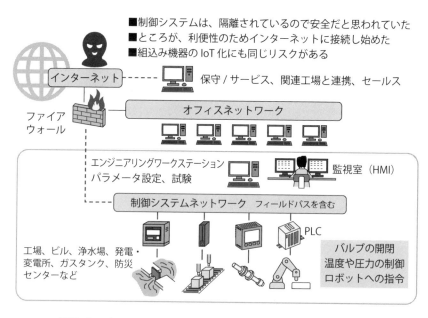

■制御システムは、隔離されているので安全だと思われていた
■ところが、利便性のためインターネットに接続し始めた
■組込み機器のIoT化にも同じリスクがある

インターネット

保守/サービス、関連工場と連携、セールス

ファイアウォール

オフィスネットワーク

エンジニアリングワークステーション
パラメータ設定、試験

監視室（HMI）

制御システムネットワーク　フィールドバスを含む

PLC

工場、ビル、浄水場、発電・変電所、ガスタンク、防災センターなど

バルブの開閉
温度や圧力の制御
ロボットへの指令

図3-6　インターネットにつながるようになった制御システム

し、情報の流れを止めたり、情報を改竄されたりすると、システムは緊急停止や誤動作を起こす。

　機密性よりも、完全性、可用性の価値が重要視されるのが制御システムの特徴である。可用性を重視するあまり、機器のパスワードを簡単にすることも行われてきた。緊急事態にパスワードがわからなくて手を出せない状況を回避することが、セキュリティより重視されてきたわけである。可用性が重視されるので、もし、サイバー攻撃を受けたとしても、原因究明よりも稼働復旧を優先することがある。しかし、脆弱性などの原因が取り除かれなければ、繰り返し同じ攻撃を受けることになる。

④長期間運用

　オフィスのPCは、法定耐用年数が3〜5年で、10万円以下であれば消耗品として扱われる。ところが、制御システムのPLCなどは、もっと耐用年数が長く、長期間使われる。長期間使われるPCは、セキュリティアップデー

トが行われなくなる。保証期間内のPCであっても、セキュリティアップデートによってOS環境が変わって、大事な制御システムプログラムが動作しなくなる可能性があるので、やはりアップデートが行われなかったり、安全性（可用性）を確認するまでアップデートが遅らされることがある。

　このような事情の変化が、制御システムや重要インフラをサイバーセキュリティの脅威にさらすことになった。これらの特性がもたらすセキュリティ脅威は、情報をセンスし、機械を制御する多数のIoTデバイスが、インターネットにつながって長期間放置されることの多いIoTセキュリティの問題とよく似ている。

3.7　制御システムのセキュリティ対策

　前節で述べた、IoTにも共通する制御システムの特性に即して、セキュリティ対策を講じなければならない。

①インターネット接続
　インターネット接続が脅威を引き込むので、インターネットにはつながないというのも1つの選択肢であるが、それではITの成長を産業に取り込めず、「羹に懲りて膾を吹く」にもなりかねない。現実的な解決法には、ファイアウォールを付けて、接続先を限定することがある。保守や工場連携に使うのであれば、どこからでも、誰でもつなげられる設定は不要なはずだ。通信相手を限定する、より強力な方法として、VPNを用いることも検討すべきだ。VPN（Virtual Private Network）では、接続に認証が必要で、通信文も暗号となるので、セキュアな通信が行える。ファイアウォールの機能を強化して、IDS、IPS（侵入検知、防護システム）を設置することも考えられる。各機器にSE（Security Enhanced）Linux、TOMOYO LinuxなどのセキュアOSを採用してアクセス制御を導入する方法も有効である。

②システムの汎用化

　特殊な専用機が、汎用機に置き換わっていくのは、ITでのモデルパターンである。自動車のような機械類でも、シャーシや部品を共通化する動きがあるが、ITは、まず半導体が少品種大量生産向きであり、ソフトウェアは大量のコピー作成に何のコストもかからないという特性があるので、少数のプラットフォームに収斂していくのは自然の姿である。

　しかし、生態学的な種の保存という観点では、1種類のコピーだけにするのは脆弱である。人間の血液型が4種類あるのも、それぞれにとりつきやすい病原菌があり、種類が多ければ、種族全体ではだれかが生き残れる可能性が高まるためである。したがって、ハードウェアやオペレーティングシステムが1種類であっても、その上のソフトウェアには違いを持たせるべきである。大規模なシステムでは、全システムを1つのベンダーの装置で統一せず、2社以上の系統で構成すべきである。2018年末に起こったソフトバンクのルーターの証明書期限切れによる携帯電話網の大規模通信途絶は、1社のシステムに統一していたために被害を大きくした。パスワードを全部変えておくというのも、バラエティを持たせる強力な1つの方法に違いない。

　その他にも、たとえば、ASLR（Address Space Layout Randomization）は、ライブラリがロードされるアドレスを毎回変更するため、マルウェアが、決まったアドレスにあるプログラムコードを利用できなくなる。ASLRは、ほとんどのLinuxで採用されている。CPUの2つの実行モード、スーパバイザモード（およびrootモード）とユーザーモードでプログラムを分離することも重要である。制御アプリケーションがスーパバイザモードで走っているのは、万一侵入を受けた際の被害を大きくする。ソフトウェアにバラエティを持たせることが難しければ、機器を異なるゾーンに置くことで、感染をゾーン内に閉じ込め、被害が全域に広がることを防止する。

③可用性の維持

　可用性を高める基本は、システムを冗長構成にすることである。二重系には、常に2つ（以上）のシステムを働かせておいて計算結果を照合するデュアル系と、一方を主系、他方を従系として主系に問題が起こった場合に従系

に切り替えるデュプレックス系がある。元々、冗長系は経年劣化などの故障に対抗する方策なので、デュアルとデュプレックスはどちらも意味があるが、セキュリティ問題、特にマルウェアの感染は、同種の機器にほぼ同時に発生するので、デュアルではなくデュプレックスにするべきである。

二重系にすることで、セキュリティアップデートを受け入れ、フォレンジック作業が行いやすくなる。フォレンジックとは、犯罪の分析・鑑識のことであり、たとえばログ改変されたファイルなどの痕跡から、侵入経路や犯罪行為の手順を暴き出し、犯人の割り出しを試みる。具体的には、稼働中の主系と同じ構成の従系を用意し、アップデートが配布されたらこの従系で動作を検証する。フォレンジックについても同様で、感染した主系をシステムから切り離して証拠を保存し、従系を主系に切り換えて稼働を継続させる。

②と同様だが、全システムを異なる種類のいくつかの系統に分けて構成することやゾーニングすることも、縮退運転ながら可用性を完全には喪失しない方法として有効である。もう一つの可用性改善の方法として、システムの異常の兆候を早期に検知し、早めに警告を出せるようにしておくことが重要である。システムがセキュリティ攻撃を受ける場合、一挙にカタストロフィに陥ることは稀である。攻撃者は、システムの接続状態の把握や、ログの消去方法の確認などに時間をかける。そのような偵察行動を兆候として検知できれば、システムが全停止に至るような被害を回避しやすくなる。

④長期運用

第7章でも述べるが、ネットワーク環境は技術の進歩によって変化するので、長期にわたって安全性を維持するためには、ログを記録することと、セキュリティアップデートを行うことが重要である。②で述べた携帯電話網の通信途絶の事例は、証明書には期限がある、すなわち、現在の暗号技術では、永遠の安全性を保証できないという問題が根底にある。暗号通信プロトコルのオープンソース実装であるOpenSSLにハートブリード脆弱性が見つかったり、TLS1.0（SSL3.0）からTLS1.2へのアップグレードが必須とされたりしたのも、セキュリティに永遠はないことの例である。

また、アップデートパッチの適用は必須であるが、アップデートが停止す

ることもある。例えば、WindowsXPは、セキュリティの問題が残っている
にもかかわらずアップデートが停止された。Linux も通常は数年でサポート
期間が終了する。Ubuntu-18.04のサポート期間が10年に延長されたのは朗
報だが、例外的だろう。古くて安全性の低いシステムを延命するよりは、最
低でも10年に1度は全面改訂を行わなければならないことを前提にシステム
を設計すべきである。必要なのは、可用性を損なわずにシステムを入れ替え
る方法を用意しておくことである。システムの導入当初から2重系を構成し
ておけば、入れ替えにも対応できる。また、システムの更新には、第8章で
述べるセキュリティ認証をとった機器を採用することや、ツールを用いて脆
弱性検査を実施することも効果がある。

第 4 章

IoTネットワークの
セキュリティ

4.1 無線化の進むIoTネットワーク

　第1章で、IoTのエンドポイントデバイスは、直接にインターネットにIP接続するのではなく、**図4-1**のような階層構造を取ることが多いと説明した。多くの⑤エンドポイントデバイスは、④IoTネットワーク層に接続する。

　IoTネットワーク層は、車載（第5章）や工場の制御ネットワーク（第3章）以外では、ほとんどが無線ネットワークを使用する。PCもWi-Fi接続が多いが、IoTデバイスはさらに無線化されることが多い。その理由は、接続管理の手間とコストである。新しいデバイスが追加されたり、モバイルで使用されたり、付け外されたりすることが多いIoTデバイスは、無線が有利である。有線では、配線を追加しなければならないし、ハブの口が足りなくなって困る。Wi-Fiでも野放図につなげるわけではないが、トラフィックが少なければ、ハブのように口数が足りなくはならない。IoTデバイスは、安

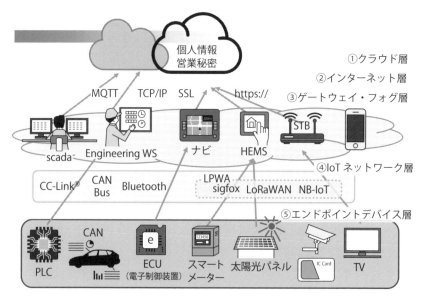

図4-1　IoTの層構造アーキテクチャ（再掲）

価に作って大量に使われる傾向があるので、有線ネットワークのケーブルや
ハブの占めるコストは無視できない。広いエリアで使えば、ケーブルコスト
がデバイスコストを上回るだろう。また、ケーブルに使われる銅の省資源化
の観点からも無線を使うのが望ましい。家庭用のプリンターなども、2010
年頃までは有線ネットワークかUSB接続が多かったが、今は、廉価品はす
べてWi-Fi接続のみとなっている。コスト的にもWi-Fiの方が有利である。

　図4-1中の車載用ネットワークやPLCがつながる制御システムネットワー
クも無線化する動きはあるが、電波漏洩によるセキュリティや信頼性の観点
から有線が維持されている。逆に言うと、無線方式はセキュリティ的に劣る
ということである。無線式は、基本的に放送型（ブロードキャスト型）であ
り、暗号化されていなければ盗聴が容易であることが理由である。

4.2　無線ネットワーク

　標準規格化されている無線ネットワークの複数の伝送方式は、OSI参照モ
デルでは、最下位の第1層—物理層、第2層—データリンク層に相当する。
したがって、その上の第3〜7層として、有線方式と同じようにTCP/IPや
HTTPなどのプロトコルを構築することができる（**表4-1**）。伝送方式の中
では、使用する電波の周波数帯と空中線電力、また情報を電波に載せるため

表4-1　OSI層とTCP/IPに対するIoT系ネットワーク規格の位置づけ

	OSI層	TCP/IP	IoT系ネットワーク
7	アプリケーション	HTTP、SMTP、Telnet...	
6	プレゼンテーション	TLS	Echonet Lite
5	セッション		
4	トランスポート	TCP / UDP	
3	ネットワーク	IP、IPSec	Wi-Fi ルータ
2	データリンク	Ethernet	IEEE802.11 (Wi-Fi)
1	物理	UTP、光...	Bluetooth、LPWA

の変調／符号化方式に注目する。電波法において無線局に指定されるのはこの3つのパラメータである*。

　無線ネットワークに使用される周波数帯は、UHF（Ultra High Frequency：300MHz-3GHz）およびSHF（Super High Frequency：3GHz-30GHz）である。波長では、1m～10cmおよび10cm～1cmに当たる。高い周波数帯は、通信容量を大きく、アンテナを小さくできるが、直進性が強く回折しにくいので、物陰に入ると電波強度が顕著に下がる。携帯電話にも同周波数帯が割り当てられる。概ね1.5GHz以上は高速通信に向いているが距離による減衰が大きく、1GHz以下は広域をカバーするのに向いているがアンテナが大きくなる。

　電波法によれば、一般に電波を発する機器の使用には免許が必要であるが、特定の条件下では免許が緩和される。例えば携帯電話は強力な電波を発するが、サービス事業者が包括的な免許を取得しているため、利用者に使わせられる。電子レンジも強力な電波を発するが、機器の外への漏洩を少なくする対策が施されているほか、2.4GHz付近のISM（Industry Science and Medical）バンドと呼ばれる、原則何にでも使用できる周波数を使っているため、誰でも使用できる。その他に、特定小電力無線局の制度があり、製造者が機器のモデルごとに技術適合性試験に合格すれば、誰にでも無線機を使わせることができる。IoTで使われる無線ネットワークは、この特定小電力無線局か、携帯電話の電波を免許を受けて使用するかのいずれかである。

　電波は、波であるので、数学的には、①式で表される。

$$A\sin(\omega t + \theta) \quad \cdots ①$$

ただし、Aは振幅、ωは角速度（周波数）、θは位相である。

　A、ω、θの3つのパラメータが電波の属性となる。電波に情報を載せるには、これらの3つのパラメータを変化させる。振幅変調AM、周波数変調FM、位相変調PMおよび、振幅と位相の組み合わせで変調する直交振幅変調QAM（Quadrature Amplitude Modulation）が代表的である。

---

* 　他にアンテナの形状や固定値か移動式か、屋内か屋外かなど使用する場所が指定される。

通信量の上限は、②式のシャノンの定理によって計算できる。

$$C = B \log_2\left(1 + \frac{S}{N}\right) \quad \cdots ②$$

ただし、Cは通信容量bps、Bは通信帯域Hz、Sは信号強度、Nは雑音強度である。

Sは、すなわち信号の振幅であるから、振幅を小さくすると通信容量が小さくなる。S/N比が20dB（電圧比で10倍）向上すると、およそ3.5倍ずつ通信容量が拡大する。振幅が小さい部分にも情報を載せる振幅変調より、常に最大振幅の周波数変調や位相変調の方がS/N比が高いので通信容量を大きくできる。また、基本周波数が高いほど、環境ノイズ（1/fノイズ）が減るので、高い周波数を使うほどS/Nが良くなる。帯域幅Bに比例して通信容量を大きくでき、また帯域幅が広ければ特定の周波数の雑音の影響を減らせる。

上記の変調にさらに2次変調として周波数拡散を加えることがある。符号に対応させた別の信号波を乗算して周波数を拡散する（直接拡散DSSS：Direct Sequence Spectrum Spread）。三角関数の直交性、すなわち、

$$\int_0^{2\pi}\sin(mx)\sin(nx) = 0$$
$$\int_0^{2\pi}\sin(mx)\cos(nx) = 0$$
$$\int_0^{2\pi}\cos(mx)\sin(nx) = 0$$

より、異なるm、nのペアを選べば、同じ周波数帯に異なる通信を互いに影響することなく共存させられる。すなわちm、nの符号の組み合わせを複数用意すれば、複数の通信を一定の周波数帯に重畳させることができる。これがCDMA（Code Division Multiple Access）である。無線ネットワークは、これらの方式を適当に選択、組み合わせて伝送方式として定めている。

4.3 Wi-Fi

Wi-Fiは、無線電波にEthernet信号を載せるために制定された。IEEE 802.11として、電波周波数帯、変調/符号化方式、プロトコルなどが規格化

されている。ネットワークでは、通信相手と確実に接続できるという相互接続性が重要である。無線 LAN には多様な実装がありうるが、Wi-Fi と名乗っている方式同士のデバイスは、認証によって相互運用性が保証されている。

　IEEE802.11 は 1997 年に策定されたが、その後伝送方式には多数の改良が施され、a,b,g,n,ac などのサフィックスを付けて区別される。a から z まで改訂符号を付けられ、アルファベットが一巡した後は、aa、ab、ac と 2 文字で改訂を表す。2019 年時点では、ax まで規格化されている。

　表4-2 の搬送波周波数帯として登場する 2.4GHz の電波は UHF 帯、5GHz の電波は SHF 帯に属する直進性の強い電波である。この周波数帯は、ISM（Industry-Science-Medical band）と呼ばれる、免許がなくても強い電波を出すことが許可されている電波と同居している周波数帯である。Wi-Fi に使える電波は、2.4GHz では 83.5MHz、5GHz 帯では 400MHz が割り当てられている。2.4GHz 帯は ISM と完全に重なっており、Bluetooth や無線のキーボードやマウス、さらに電子レンジなども同じ周波数帯を使うため、混信が起きやすい。5GHz 帯は Wi-Fi の専用帯域であるため混信が生じにくく、有利である。ただし、5GHz 帯の使用は屋内に限られる。

　変調方式の DSSS とは、Direct Sequence Spread Spectrum（直接シーケンス・スペクトル拡散）であり、3G 携帯電話の CDMA などと同様の方式である。OFDM は、Orthogonal Frequency-Division Multiplexing（直交周波

表4-2　IEEE802.11 Wi-Fi の主要規格

IEEE規格名	搬送波周波数帯 （GHz）	変調方式	伝送速度 （Mbps）	国際規格 策定時期（年）
802.11	2.4	DSSS	2	1997
802.11a	5	OFDM	54	1999
802.11b	2.4	DSSS	11/22	1999
802.11g	2.4	OFDM	54	2003
802.11n	2.4, 5	OFDM	65-600	2009
802.11ac	5	OFDM	292-6930	2014
802.11ad	60		6700	

数分割多重方式）である。ある周波数の正弦波とその整数倍の周波数を持つ位相差のない波は直交する、すなわち両者の積の1周期の積分がゼロになる。1kHz置きの多数の正弦波はすべて直交する。直交する波は、互いに影響することなく独立した符号を安定して付与できる。Wi-FiのOFDMでは、6ビット＝64種の符号を異なる周波数に載せて搬送波を変調する。

　Wi-Fiは、AP（アクセスポイント）と呼ばれる装置が、有線ネットワークを無線ネットワークに変換する。APは、SSID（Service Set Identifier）によって識別される。オープンシステム認証ではパスワード無しで接続できるが、普通はパスワードや電子証明書で認証し、暗号通信を行う。この暗号の方法には、WEP、WPA、WPA2の3種類、認証にはパーソナル認証、エンタープライズ認証の区別がある。

　WEP（Wired Equivalent Privacy）は最も初期に導入されたが、当時は米国の暗号輸出規制が厳しかったので、暗号鍵が40ビットしかなく（後に64、128ビットに拡張）、また接続されるクライアントすべてがWEPキー（パスワード）から生成される同じ鍵で暗号化されるため、非常に脆弱であった。その危険性を指摘され、急いで制定されたのがWPA（Wi-Fi Protected Access）であるが、WEPと同じRC4暗号を用い、暗号鍵を10,000パケットごとに更新するTKIP（Temporal Key Integrity Protocol）を採用した。鍵を解読している間に次の暗号鍵に変わるので一見安全に見えるが、通信文を記録しておいて後からじっくり解析すればすべての通信が漏洩する危険性がある。WPA2は、AES暗号を128、192、256ビットの暗号鍵で用い、接続ごとに鍵を変えるので、現在では最も安全性が高いと言える*。

　認証は、一般にパスワード事前共有鍵（PSK：Pre-Shared Key）をすべてのクライアントで共通に用いるパーソナル認証が一般的だが、この鍵が漏洩すると不正な接続やなりすましを許してしまう。エンタープライズ認証では、各ユーザーに異なる鍵を配布するのでより安全性が高い。しかし、パスワードは個人に知らされるので、許可されない機器にも接続できる。接続デ

＊　2019年中にWPA3が制定される予定である。

バイスまで制限するために、認証サーバーと電子証明書を用いるEAP（Extensible Authentication Protocol）が企業などで使われることがある。

　Wi-Fi APへの不正な接続を防止するために、SSIDを隠蔽するステルスSSIDや、ネットワークインタフェースに割り振られる物理アドレス、すなわちMACアドレスを認証に用いる方法がある。しかしこれらは、間違えて接続することを避けられるかもしれないが、本格的な攻撃には無力である。SSIDをステルス化すれば、APを識別できないため接続要求を出せないが、すでにそのAPに接続した履歴のあるPCなどは、「近くにXXXXというSSIDのAPはありませんか？」というパケットを発するので、XXXXというSSIDが見えてしまう。また、MACアドレスは可変であるので、対象のAPにすでに接続しているパケットを観測すれば、有効なMACアドレスがわかり、自機にそのMACアドレスを設定すれば接続できてしまう。

4.4　Bluetooth

　PCでは、マウス、キーボード、ヘッドフォンなどの接続にBluetoothが使われる。自動車では、カーナビゲーション機器とスマートフォンをBluetoothで接続し、ハンズフリーの音声通話などに使用される。

　Bluetoothは、2001年にIEEE802.15.1として規格化が始まり、2016年のバージョン5まで改訂されてきた。2009年のバージョン3.0までは、BR（Basic Rate、基本速度）→EDR（3Mbps：Enhanced Data Rate、拡張速度）→HSオプション（24Mbps：High Speed、高速）など通信速度の向上を目指してきたが、バージョン4.0には通信速度を1Mbpsまで落としたLow Energyモード（BLE）が加わった。これは、電池での長時間運用を行うIoTに対応した規格である。5.0では、さらにデータレートを125kbpsまで落としたモードを選択できるようになった。このモードでは到達距離が400mもあり、広範囲に設置されたIoTセンサーからの情報収集を可能にしている。

　Bluetoothでは、これらの伝送方式の上に組み立てられるプロトコルをプ

ロファイルと呼ぶ。たとえば、マウスやキーボードに用いられるHID（Human Interface Device）、ヘッドフォンやマイクとのステレオ音声の伝送を行うA2DP（Advanced Audio Distribution Profile）、機器の認証を行うGAP（Generic Access Profile）、スケジュールや電話帳を同期させるSYNC、Bluetooth機器が提供する機能を調べるSDAP（Service Discovery Application Profile）など、十種類以上がある。

4.5　KRACKs脆弱性とBlueborne脆弱性

　2017年に、Wi-FiにはKRACKs脆弱性が、Bluetoothには、Blueborneと呼ばれる脆弱性が発見された。KRACKとは、Key Reinstallation AttaCKの略称で、鍵を再設定する攻撃である[17]。この脆弱性を突く攻撃は、クライアントとAPの間に攻撃者が入り、通信を中継することで行われる。

　WPA2の認証では通信確立前に、4つのパケットを2往復させる（4-way handshake）が、攻撃者は4つめの、APからクライアントに向かう、キーのインストールが完了したというACKパケットを止める。APは通信が確立したと信じているので、コンテンツのパケットを1つめのnonce（Number used ONCEの略で1度だけ使う鍵として乱数で生成される）で暗号化して送る。しかし、クライアントにはACKパケットが届かないので、ACKパケットが電波ノイズなどで欠落したと判断し、再度3つめのパケットを送ってACKを求める。攻撃者は再び4つめのパケットを止め、ACKをクライアントに渡さない。AP側は次のパケットを送ろうとするが、ここでnonceを再利用する。この動作を繰り返すと、同じnonceで暗号化したパケットが多数得られ、nonceが解読できるという仕組みである（図4-2）。

　問題が起こった理由は、通信規約が暗号鍵をインストールする時刻を明確に定めておらず、4つめのパケットのACKを得ていないのに、クライアントがAPから受け取った暗号鍵をセットするという実装が許されたからである。さらに、Androidでは、3つめのパケットでACKの再送を求められる

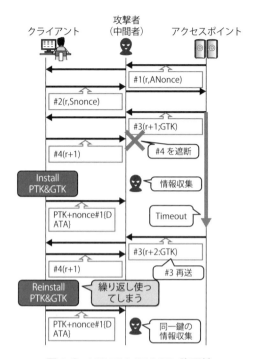

図4-2　Wi-FiのKRACKs脆弱性

と、nonceがゼロにセットされるという、より深刻な問題も発見された。
KRACKs脆弱性を悪用するには、APの電波が届く範囲に中間者攻撃を行う
装置を仕掛けなければならない。WPA2のパスワードが窃取されるわけでは
なく、HTTPSやVPNなどの上位層での暗号通信を使っていれば情報漏洩も
ない。しかし、安全と信じられていたWPA2プロトコルに脆弱性があるこ
とが指摘されて話題となった。関連する脆弱性は、CVE-2017-13077〜13088
の10個であり、Wi-Fi機器のセキュリティアップデートが必要である。

　Blueborne（ブルーボーン）脆弱性は、セキュリティ会社のArmisが2017
年に発見した図4-3に示すような8個の脆弱性である。Bluetoothは、最初に
ペアリング操作で接続する機器を認証するが、これらの脆弱性を悪用する
と、ペアリング無しでBluetooth通信ができるだけでなく、クライアントのOS
の乗っ取りまで許してしまうことをYouTubeなどで実演した [18]。これによっ

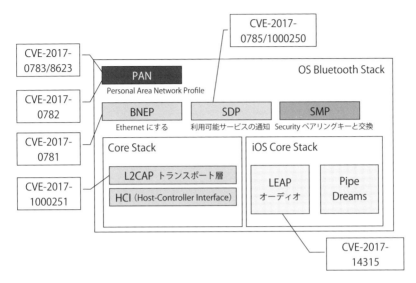

図4-3 Blueborne脆弱性

て、50億台以上のBluetoothデバイスが影響を受けると予測された。KRACKs同様に電波の範囲内でしか感染しないが、Bluetoothはモバイルデバイスに多く使用されるので、感染を知らずにデバイスを持ち歩くと、行く先々で感染を広げる可能性があった。多くの実装にこの脆弱性が内在しており、セキュリティアップデートが必要である。アンドロイド用の検査ツールとして、Blueborne Vulnerability Scanner by Armisが公開されている。

4.6 LPWA

　前節までのネットワークは2000年頃から広く使われているが、2015年頃から徐々に普及を始めた新しい無線ネットワークとしてLPWA（Low Power Wide Area）ネットワークがある。さまざまな無線ネットワークがカバーする伝送速度と通信距離を図4-4に示す。
　Wi-FiやBluetoothが通信速度の増大を目指したのに対し、LPWAは電池

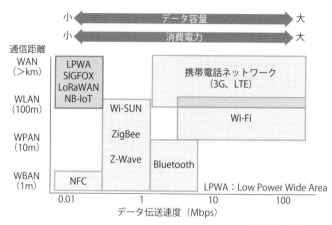

KCCS資料をもとに作成

出典：「月刊テレコミュニケーション2016年12月号」

	LTE（要免許）	特定小電力（双方向）	特定小電力（UPのみ）
代表的方式	NB-IoT	LoRaWAN	SIGFOX
距離	無制限（エリア内）	1.5〜6km	数10km
適応	全国に展開	比較的近距離に展開	センサーを広範囲に展開
セキュリティ	高い	中	???
特徴	インフラとして公衆電話回線を使用	自前で数を増やせる	サービス料金が安い

図4-4　各種の無線ネットワークのデータ伝送速度と通信距離

で長時間稼働する省電力性と、広い範囲をなるべく少ない基地局でカバーするため速度を抑えている。4.2の②式によれば、低電力の通信を行えばS/Nが劣化して通信容量は小さくなる。逆に、通信容量を小さく抑えれば、S/Nが小さくとも良く、省電力の通信が実現できる。速度を抑えるとは通信量を減らすことなので、従量制のネットワークでは使用料を安く抑えられる。

図4-3中には、LPWA として SIGFOX、LoRaWAN、NB-IoT の3種を示しているが、他にも複数の方式が提案、使用されている*。中でも SIGFOX、

---

* LoRa には、Symphony Link がある。Wi-Fi Halow, スマートメーターに用いられる WiSUN, RPMA, Flexnet, IM920, Telensa, NWave, Weightless, Haystack などが各社から提案されている。

LoRaWANは、普及度が高い、企業連合の提案するフォーラム標準である。

LPWAの使用例として、スマートメーターからの非接触での電力計測量収集、通学児童の見守りセンサー、土石流などの災害の検知、登山者の追跡などがある。少ない基地局で広範な地域をモニターできること、消費電力が少なく電池交換などのメンテナンスのコストが低いなどの特徴が活用されている。**表4-3**にLPWAの各方式の仕様と特性を示す。

SIGFOXは、フランスの同名の企業が提供する920MHz帯の省電力伝送方式である。20mWと低電力の送信パワーだが、数十kmの範囲をカバーでき

表4-3　IoTに使われる無線ネットワークの各方式

	ZigBee	SIGFOX	LoRaWAN	NB-IoT	Wi-Fi HaLow
関連規格	802.15.4 SEP2.0	—	—	LTE*	802.11ah
周波数帯	2.4GHz帯	920MHz帯	920MHz帯	900MHz帯、1.5GHz帯、1.7GHz帯	920MHz帯
空中線電力	10mW以下	20mW	20mW	Max 200mW	—
変調方式	Offset OPSK	D-BPSK（上り）	LoRa（FSKもあり）	QPSK	OFDM
通信距離	10〜75m程度	数10km	1.5〜6km程度	20km以下（推測値）	1km
通信速度	250kbps	上り100bps 下り600bps	300bps〜10kbps	上り62Kbs 下り26kbs	150kbps
ノード数	1ネットワークに最大65535	—	200〜4000程度	—	—
消費電力	60mW以下	20mW以下	20mW以下	10年間電池動作可能	—
価格	通信モジュール数千円	年間数百円程度	モジュール：千円〜1万円程度 GW：年間百円程度から	モデムのコストは5米ドル以下	—

---

*　LTE：Long Term Evolution、3.5G（第3.5世代）あるいは4Gと呼ばれる移動体通信方式

る。その代わり、通信速度は100あるいは600bpsと非常に遅い。この速度
は、1日に数回センサー値を送る用途に適している。変調に用いられるBPSK
（2値位相変調）は、妨害（ノイズ）に強い方式であるため、長距離の伝送に
適している。SIGFOXは、微弱電波であるため、個別の免許が必要ない。

　LoRaWANのLoRaとはLong Range、WANとはWide Area Networkの略
である。LoRaはOSIの物理層に相当し、920MHzのISMバンドをChirp
Spread Spectrumという変調方式で使うことを定めている。Chirpとは、変
調波の周波数を低から高へ掃引する方式である。また、LoRaWANは、デー
タリンク層として符号を載せる方法、送信の頻度などを定めている。
LoRaWANの伝送は、SIGFOXに似た特徴を持つが、通信速度が少し速い
分、到達距離が短い。

　SIGFOXもLoRaWANも、920MHzのISMバンドを使い、弱い電波で広
いエリアをカバーするので、混信が生じやすい。それに対して、NB-IoT
は、3.5～4G携帯電話のLTE方式なので、高信頼通信が実現できる。LTE
は、数十Mbps以上の高速通信を行う方式であるが、NB（狭帯域）に制限
して通信するので、速度は数十kbpsにとどまる。NB-IoTは、すでに広く
整備された携帯電話の公衆回線網を使えるので、全国的な展開が容易であろ
う。ただし、過疎地や山間地の農園を保守したり、登山客の遭難対策などに
用いたりするには、インフラが整っていないことが多いため、特定小電力無
線方式のIoTネットワークが有利になることもある。

4.7　IoTネットワークのリスクの想定

　「つながる世界の開発指針」は、IoTネットワークのセキュリティに関し
て、**表4-4**のような指針を掲げている。分析フェーズでは、つながることに
よるリスクを洗い出す。たとえば、自動車がインターネットに接続すること
で車の制御を乗っ取られるリスクは、人命に影響が及ぶ可能性がある。一方
で、Wi-Fiを盗聴されてSSIDを知られるだけならば、大きな問題とはなら

表4-4　IoTネットワークに関するつながる世界の開発指針

分析	つながる世界のリスクを認識する	4	守るべきものを特定する
		5	つながることによるリスクを想定する
		6	つながりで波及するリスクを想定する
		7	物理的なリスクを認識する
設計	守るべきものを守る設計を考える	8	個々でも全体でも守れる設計をする
		9	つながる相手に迷惑をかけない設計をする
		10	安全安心を実現する設計の整合性をとる
		11	不特定の相手とつなげられても安全安心を確保できる設計をする
		12	安全安心を実現する設計の検証・評価を行う

　ない。これらのセキュリティリスクの大きさを見積もる脅威分析は別の章を設けて論ずるべきであるが、ここでは簡便な方法を記しておく。

　サイバーセキュリティの深刻度の評価には、米国インフラストラクチャ諮問委員会（NIAC）が作成した共通脆弱性評価システム（CVSS：Common Vulnerability Scoring System）がよく使われる[19]。CVSSでは、**表4-5**のような基本指標、現状の危険度、環境依存因子の3つの値をそれぞれ6、3、3個の指標から求める。一般には、脅威の大きさ、発生確率、想定される被害の大きさの積で推定されることが多いが、サイバーセキュリティでは攻撃者の能力や関心に大きく左右されるので、インシデントの発生確率の見積もりが難しい。そのため、現状での攻撃の難易度を現状の危険度として見積もる。

　各指標に0-1.0の値をガイドラインに応じて当てはめると、総合的な深刻度を計算するプログラムをJVNが公開している*。筆者が、KRACKs脆弱性とBlueborne脆弱性について指標を適当に当てはめたところ、KRACKs脆弱性は深刻度6.5の「警告」、Blueborne脆弱性は深刻度9.6の「緊急」となった（**図4-5**）。JVNのWebサイトなどを参考にして、設計・開発しているIoTシステムがつながることによるリスクを分析するのは重要である。深刻

＊　https://jvndb.jvn.jp/cvss/index.html#cvssv3

表4-5　CVSSの評価指標

	基本指標 (Basic Metrics)	現状の危険度 (Temporal Metrics)	環境依存因子 (Environmental Metrics)
1	AV：攻撃元区分（Access Vector）	E：攻撃される可能性 （Exploit Code Maturity）	CDP：二次的被害の可能性（Collateral Damage Potential）
2	AC：攻撃条件の複雑さ （Access Complexity）	RL：利用可能な対策のレベル（Remediation Level）	TD：影響を受ける対象システムの範囲（Target Distribution）
3	Au：攻撃前の認証要否 （Authentication）	RC：脆弱性情報の信頼性 （Report Confidence）	CR、IR、AR：対象システムの機密性、完全性、可用性セキュリティ要求度（Security Requirements）
4	C：機密性への影響 （情報漏えいの可能性、 Confidentiality Impact）		
5	I：完全性への影響 （情報改ざんの可能性、 Integrity Impact）		
6	A：可用性への影響 （業務停止の可能性、 Availability Impact）		

1. 影響度＝10.41×（1−（1−C）×（1−I）×（1−A）） …式(1)
2. 攻撃容易性＝20×AV×AC×Au …式(2)
3. f(影響度)＝0(影響度が0の場合)、1.176(影響度が0以外の場合) …式(3)
4. 基本値＝((0.6×影響度)＋(0.4×攻撃容易性)−1.5)×f(影響度) …式(4)
5. 現状の危険度＝基本値×E×RL×RC …式(5)
6. 環境値＝(調整後現状値＋(10−調整後現状値)×CD)×TD …式(8)

　度がどのレベルになるかだけでなく、どの指標が大きくなるか、たとえば、攻撃が容易なのか、攻撃による被害が甚大なのか認識しておくべきである。
　IoTで使われる無線ネットワークのセキュリティとしては、①特定の機器とだけ通信を許可するための認証法、②飛び交う電波の盗聴の2点が重要である。前者は、機器の「なりすまし」、後者は、「機密情報の漏洩」に直結する。なりすましは、認証に必要なパスワードを割り出す方法ではなく、通信

KRACKs脆弱性の計算例

BlueBorne脆弱性の計算例

図4-5　KRACKs脆弱性とBlueBorne脆弱性のCVSS評価

そのものが漏洩していることから、「リプレイ」や「リレー」攻撃が簡単に成立しうる。また、空中が共通の通信路に当たることから、通信をあふれさせるDoS攻撃だけでなく、妨害波によるサービス遮断も起こしうる。さらに、機器がOTA（over the air）のプログラム更新機能を備える場合、そのチャネルを奪取してIoTデバイスの制御プログラムを書き換える攻撃も想定する必要がある。LPWAが使われる場面では、そもそも通信量が少なく、環境モニタリングなどの応用では、ほとんど変化のない通信が、低い頻度で発生するだけであろう。一方、スマートメーターからの電力量情報などは金銭的被害に直結するし、場合によってはプライバシーの侵害にもつながる。

　また、1章で述べたMiraiマルウェアのように、IoTにおける攻撃は、大量のデバイスのボット化を目的とすることも多い。この場合、IoTデバイスのTCP/IP接続機能と、大きな通信速度が必要となるが、LPWAは、直接にはこれらの条件を満たさないので、エンドポイントデバイスがインターネットへのDoS攻撃に使われる可能性は低いであろう。しかし、センサーネットワークの機能不全を攻撃目標にするならば、LPWAの狭い通信帯域をあふれさせてしまう攻撃は簡単に成立するであろう。

4.8　IoT ネットワークの上位プロトコルで守る

　これまで述べてきたように、IoT のネットワークの多くは無線式であり、無線は盗聴が可能なので、中間者攻撃やリプレイ攻撃などに晒されやすい。そもそも暗号にするほどの機密性が必要でない場合もある一方で、IoT デバイスの計算資源が十分でないため暗号を使えない場合や、暗号にするにしても暗号鍵の管理が難しいなどの問題がある。新しい LPWA にも暗号は導入されているが、その安全性は完全には検証されていない。特に、実装においてさまざまな問題が生じる可能性は否定できない。

　セキュアな IoT システムを作るには、無線ネットワークが提供するデータリンク層レベルの暗号よりも、トランスポート層以上、すなわち 5-7 層での暗号化を検討すべきである。具体的には、TLS や HTTPS を用いることである。そうすれば、万が一下位層の暗号アルゴリズムに問題が見つかっても、上位層での多重防護に期待できる。また、アプリケーションに応じて機密保護が必要な部分だけに暗号を利用することで、計算負荷も小さくできる。

　IoT では、通信量を削減するために MQTT のような簡便なプロトコルを使うこともあるが、その上に重ねて TLS の暗号を使用すると、通信量削減の効果が相殺されることがわかっている。暗号を用いる場合、送受信双方でなんらかの鍵共有が必要である。機器の中に共有鍵を安全に保存するために、2 章で述べたように、ハードウェアの暗号機能や、TrustZone、TSIP、TPM のような暗号鍵の保護機能も活用すべきである。

4.9　フォグコンピューティングで守る

　フォグ（霧）とは、クラウド（雲）に対比させた用語である。雲が上空の手の届かないところにあるのに対し、霧は、地上に近いところを漂う。IoT では、図4-1の5層モデルのゲートウェイ・フォグ層で計算することを指

す。指針8の「個々でも全体でも守れる設計」とは、主にフォグコンピューティングで保護する方法を指す。

　個々とはエンドポイントデバイスを指すが、エンドポイントデバイスは計算能力が低く、オペレーティングシステムも無い場合がある。それに対してゲートウェイ・フォグ層は、多数のエンドポイントデバイスの通信を中継・監視する能力があり、TCP/IPで通信するためのオペレーティングシステムも搭載されている。クラウドは大きな計算能力が期待できるが、多くのデバイスでシェアするので常にはその計算能力が得られず、さらにネットワーク的には遠隔にあるので、通信には遅延が伴う（**図4-6**）。したがって、リアルタイム要求の高い処理を高信頼でクラウドに行わせるには無理がある。クラウドサービスは、ほとんどの場合快適だが、いざというときに反応が鈍くなる経験はどなたもお持ちだろう。フォグは高リアルタイム要求に応えられるとの俗説は、たとえばある地域で大きな事件が発生した場合に、総合的な処理能力の限界が低いので、近在の警察署が大忙しになり、窓口業務が停止、隣の警察署の応援を求めなければならなくなることからも不完全とわかるが、繁忙期でない状態のセキュリティ検査には大いに力を発揮しうる。

　IoTのセキュリティ問題の入り口（エントリポイント）は、主に、新しく加わったインターネットからの不正アクセス、センサー情報の改竄、保守ポートを含む物理的アクセス、機器のすり替えである。新しく加わったインターネットの口について、エンドポイントデバイスが、個々にはインター

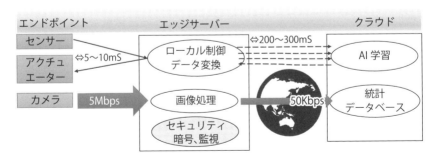

図4-6　エッジサーバー、フォグサーバーの位置づけと役割

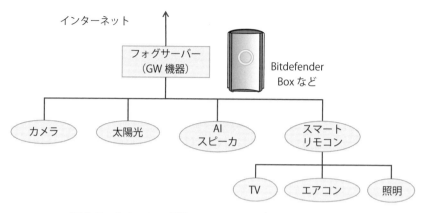

図4-7　家庭のIoT環境におけるフォグサーバの位置づけ

ネットアクセスの口を持たず、ゲートウェイを介しているとすると、ゲートウェイが当然ファイアウォールとして機能しうる。図1-9で、エンドポイントデバイスには、マルウェア検出ソフトがないと書いたが、フォグサーバーがマルウェア検査を行うことも可能である。ただし、ゲートウェイ機器とエンドポイントデバイスのアーキテクチャが異なり、x86で動作するマルウェア検査プログラムがARMで動くマルウェアを検出するようなクロスマルウェア検出が必要になる。また、フォグサーバーが、エンドポイントデバイスの、外部のC&Cサーバー*との通信を検出することや、ローカルネットワーク上で感染を広げようとする通信を検出することもできるかもしれない。そのようなIDS（Intrusion Detection System）のフリーウェアとして、snort、suricata、AzbilのIoTデバイススキャナーPromiScanなどがあるし、市販品としては、SECURIE社のBitdefender Boxなどがある。Bitdefenderは、ローカルネット上のIoTデバイスに対して脆弱性検査を行い、通信の監視、侵入検知、マルウェア検査などを24時間実行する（**図4-7**）。

＊　C&C（コマンド・アンド・コントロール）サーバー。マルウェアに感染したコンピュータがさらなるマルウェアをダウンロードし、ボットネットとなってコマンドによる指示を仰ぐ、攻撃者側のサーバー。

第 5 章

車載エレクトロニクス

　IoTは比較的最近の現象であるが、自動車はすでに車内がネットワーク化されて制御されており、インターネットにつながるサービスでも先進的な事例となる。さらに、自動車は、安全性が極めて重要な「モノ」であり、IoTのセキュリティを検討する上で、重要な事例となる。

5.1　車載エレクトロニクスの歴史

　自動車の運転では、運転手がアクセル、ブレーキ、変速機、ステアリングなどを操作し、それがエンジンやアクチュエーターに伝わる。以前は、ワイヤ、シャフト、リンク機構などで操作を伝達する機械式だったが、次第に電動化が進んだ。電動化すると、操作器の位置の制約が解消され、伝達摩擦がなくなり軽い操作が可能になる。さらに配線を伸ばして遠隔操作できるので、ドアや窓の開閉、シートの位置の調整、ヒーターなども電動化された。このほか、速度やエンジンの回転数などの表示やターンシグナルランプやワイパーなどの操作も電気で行うので、自動車の中は配線があふれるようになった。

　1970年代初めにマイクロコンピュータが発明されると、自動車エンジンの燃料噴射量や点火時期をマイクロコンピュータで制御して、排ガスをクリーンにし、燃費を向上させる試みが行われていった。自動車に組み込まれて各装置の制御を行うデバイスをECU（Electronic Control Unit）と呼ぶ。1978年にIntelは16ビットマイクロプロセッサであるIntel8086を発表し、IBMは、1981年に最初のPCを発売した。このような車載機器の電気化とマイクロプロセッサの発展を見て、ドイツの自動車電装品メーカーであるBOSCH社は、1983年から自動車用のネットワークの開発を開始した。自動車内に増えてきた電装品のスイッチ類を運転席に集めると配線量が増えるが、マイクロコンピュータの通信機能を活用すれば、共通のネットワークで多くの電装品を制御できる。こうして配線量を減らし重量減、高信頼性化を図れる。

　BOSCHは、1987年に、車載ネットワークをコントローラLSIと共に、CAN（Controller Area Network）として発表した。さらに、CANの世界標準規格化を進め、1993年にISOの規格、ISO11898として制定された。最初のEthernetである10Base-5が標準化されたのが1983年であり、1993年と言えば、企業が社内の情報システムにLANを取り入れた時代に当たる。

　このようにCANは自動車用の車内ネットワークとして誕生した。マイクロコンピュータには初期から調歩同期式と呼ばれるシリアル通信が発達していたし、Ethernetも普及を始めていたが、車載用にこれらの方式を採用せずにCANを開発することにしたのには理由がある。まず、当時よく使われていた調歩同期式通信であるRS232は、ポイント・ツー・ポイントの通信方式なので、マイクロコンピュータと電装品をつなぐ個別の配線が多数必要になり、配線量を減らすという目的が達成できない。また、通信速度も9600bps程度と十分ではなかった。

　Ethernetは、1本の基幹線をバスにしてたくさんの通信を重畳させることができるので、配線量の減少には都合が良いが、リアルタイム通信に向いていないという問題がある（リアルタイム性については3.4節参照）。RS232は各デバイスを直結するので、通信が衝突することはないが、Ethernetではパケットの衝突が頻繁に起こりうるので、一定の時間以内に通信が完了することを保証するリアルタイム通信には向いていない。すなわち、バス（媒体共有）方式による配線量の節約と、リアルタイム通信の実現のためにCANの導入が必要であった。リアルタイム通信には、大きく各通信にタイムスロットを割り当てる方法と、通信パケットに優先度を付ける方法があるが、CANは後者を採用している。

　その後も車載エレクトロニクスは発展を続け、CANには、自動車機能の自己診断のためにOBD（On-Board Diagnostics）が導入された。OBDは、自動車整備工場などで、自動車部品のメンテナンスやリコールなどに対応した改修にも使われるポート（接続口）でもある。米国では、主に大気汚染対策の一環として、規制値を超える有害物質を排出する自動車を取り締まるため、2007年以降、自動車へのOBDの搭載が義務づけられた。日本でも、

図5-1　自動車のOBD-2ポートに取り付けるドングル
OBD-2ポートは運転席のダッシュボードの下にある。

2008年以降、OBDポートの搭載が義務づけられている。**図5-1**のようなドングルをOBD-2ポートに取り付けると、CANの信号をBluetoothに変換して取り出せ、その情報はスマートフォンに表示させることもできる。

　CANには、今では通信速度が不十分、ネットワークの階層化が難しい、セキュリティ対策が困難などの問題があるため、新種のネットワークも提案されているが、2019年現在でも自動車制御の主要なネットワークの地位にある。今後、自動運転を導入するに当たっても、数多くのセンサーやアクチュエータとの通信に継続して使用されていくことが予測される。CANは、自動車だけでなく、船舶（NMEA2000）、自転車の電動変速機、手術台など医療機器、ロボットなどにも応用されている。

5.2　CANの通信方式

　CANのリアルタイム通信について説明する前に、CANの通信方式を解説する。CANの仕組みやトラフィックについては、「The Car Hacker's Handbook」（Craig Smith）が詳しい。翻訳も出版されている。CANは、OSI参照モデルでは物理層とデータリンク層の規格である。CANは、CAN-HとCAN-Lの2本の信号線を平衡差動動作させて0、1信号を符号化し

でCANフレームと呼ぶパケットを送受信する。0をドミナント（優勢）、1を
リセッシブ（劣勢）と呼ぶ。0-ドミナントが優先度が高いことを意味する。

　CANフレームには、データフレーム、リモートフレーム、エラーフレー
ム、オーバーロードフレームの4種類ある。いずれにも、パケットの種類を
示すアービトレーション（調停）フィールドと、エラー検査のためのCRC
フィールドがあるが、データフィールドがあるのはデータフレームだけであ
る。通常は、アービトレーションフィールドとデータフィールドに情報を載
せて通信する。**図5-2**に示すようにアービトレーションフィールドは、CAN
の標準仕様では11ビットであるが、拡張CANでは29ビットある。アービト
レーションフィールドは、データの種類（ID）を示すと共に、フレームの優
先度を表現する。データの種類（ID）とは、車速、アクセル開度、シート
ベルトの状態、エアバッグの展開、窓の開閉など、車種や自動車会社に固有
の値であり、11ビット仕様では、2048種類を表現できることになる。

　フレームの優先度は、このIDをどのような数値で表すかによって決ま
る。先に、CANフレームの各ビットは、0-ドミナント、1-リセッシブと
呼び、0-ドミナントが高優先度となると書いたように、0が1に優先する。
すなわち、11ビットが、00000000000となっている場合が最も高優先度で、
11111111111が最低の優先度となる。中間的な数値では、たとえば、
00100000000は、00011111111よりも一つだけ高優先度となる。したがって、
オールゼロをブレーキペダルの情報としておけば、車速など他の情報よりも
高優先度で送信できることになる。このような優先度制御が可能となるの
は、CANのデータリンク層が、CSMA/CA（Carrier Sense Multiple
Access with Collision Avoidance、日本語では、搬送波検知多重アクセス/
衝突回避）方式で実装されているからである。CANのCSMA/CAは、次の
ように動作する。

(1) CANバスをモニターし、信号が流れているときは、待つ。

(2) 他の信号がなければ、自分が送りたい信号を送りつつ、バス上の実際の
　　信号をセンスする。

(3) 自身の送信信号とバス上の信号が一致していれば、送信を続ける。相違

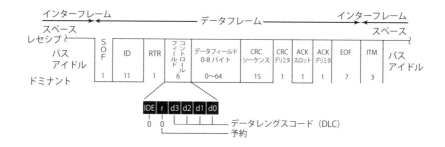

図5-2　CANフレームの構造

　があれば、より優先度の高い信号と衝突しているので、送信を停止し、次の空き時間を待つ。

　このような動作が可能になるのは、バス上に0－ドミナントと1－リセッシブが同時に送信された場合に、0－ドミナント信号が勝ち残るように作られているからである。0の信号は、CANのコントローラLSIが強く駆動するが、1の信号は駆動せず、終端で弱くプルアップされた信号を使う。

　データフィールドは、0-8バイトの可変長である。実際に何バイトが送られるかは、データフィールドの直前にある4ビットのデータ長フィールドで表現されている。

　Ethernetのパケットは、MACフレームにはMACアドレスが付随し、IPパケットにはIPアドレスが付随して送受信器および送受信ホストが識別されるが、CANフレームにはアドレスがない。CANのコントローラLSIは、アービトレーションフィールドのビットパターンに応じて、選択的にフレームを受信するかしないかを決めることができる。そのため、アービトレーションフィールド（ID）をアドレスとして使うことも不可能ではないが、誰もがすべてのIDの通信を読み取れるので、基本的にブロードキャスト通

信と考えた方が良い。したがって、送信者は、どのようなIDの通信を作る
こともできるし、どのようなIDの通信を受信することもできる。

5.3　CANのリアルタイム通信

リアルタイム性とは、処理の〆切りを守る性質なので、リアルタイム通信
とは、送信したい情報が〆切り時刻までに受信者に到達することを意味す
る。しかし、これは大変に強い制約なので制約を弱めて、通信する情報に優
先度を付け、優先度の高い通信は優先度の低い通信に邪魔されずに通信でき
ることを指すことが多い。最高の優先度の通信は、他のすべての通信に邪魔
されないので最高速度で到達するが、逆に優先度の低い通信はフレームの衝
突による他の通信の妨害を受けうるので、到達が遅れることがある。

CANは、0－ドミナントが、1－リセッシブに優先する仕組みで、フレー
ムに優先度を持たせている。Ethernetは、基本はすべてのパケットが同じ
優先度で通信する。Ethernetでも、Urgentビットを立てることで緊急通信
であると示せるが、緊急とそれ以外の2種類しかなく、実際は、コネクショ
ンの切断などの事象でまれにUrgentビットが使われるにすぎない。

優先度による調停が行われるのはアービトレーションフィールドだけで、
データフィールドなどでは衝突が起こらないように、アービトレーションに
負けたCANデバイスは通信を自粛する。データフィールド送信期間中は、
緊急度の高い通信が発生しても通信を開始できないので、リアルタイム性が
低下する。そのためCANは、データフィールドの最大長を8バイトに抑え、
1フレームの通信が短周期で終わるようにしている。標準フレームでは、
アービトレーション以外のすべてのフィールドを加えても12バイトに抑え
られる。これは、Ethernetの最大1518バイトと比較して0.8%にすぎない[*]。

---

[*]　512kbpsのCANの8バイトのデータのフレームの通信には、187.5μ秒を要する。一方、
100MbpsのEthernetは151.8μ秒（4B/5B変換で25%増しになる）である。

5.4 CANの拡張規格

　CANの通信速度規格は125kbpsから1Mbpsだが、実際は、0.5Mbpsで使われることが多い。ECUの個数が増えてくると通信量が多くなるが、古いECUとの互換性を維持するためには、通信速度を上げることは困難である。

　CANには初期から、11ビットのIDを29ビットに拡張する規格が存在した。データは最大8バイト（64ビット）以上にはできないが、IDフィールドの増加分18ビットによってより多くのデータ種を区別できる。この拡張によって、最大108ビットの標準CANフレーム（パケット）は、126ビットと16.7%大きくなるので、それに応じてリアルタイム応答性が低下する。IDは、製造者によって秘密にされている。CANへのなりすまし攻撃では、IDの割当てを明らかにする必要があるので、攻撃者はいろいろなIDのパケットの通信を試みる。11ビットIDの2048種のIDは簡単に全数探索できるが、29ビットIDの5000万種ではかなり骨が折れるであろう。セキュリティ上は、わずかであるが29ビット拡張方式が優れている。

　フレームの最大長を伸ばさずにデータを増やす規格として、CAN-FD（CAN Flexible Data rate）がある。CAN-FDは、アービトレーション部は標準規格を守り、データ部の通信レートを高速化する。8倍のクロックまでが規定されており、ペイロードサイズは64バイトまで拡大する。一方、アービトレーション部は旧規格のままなので、古いECUと共存することができる。ペイロードサイズを大きくするのは、ECUのプログラム更新に要する時間を短縮することが重要な目的であった。すなわち、CANでは1MBのファームウェア更新に約23秒要するが、CAN-FDでは3秒足らずで終わる。

　また、規格の拡張ではないが、性能向上のためにCANバスを2つ以上に分割することも行われる。車載ネットワークは、走行や車体に関わる制御系、エアバッグなどの安全系、カーナビなどの情報系に分けられる。制御系はさらに、エンジン制御系、ステアリングなどのシャーシ系、ドアやウィンドウなどのボディ系に分けられる。多くの通信は系内で閉じて他の系と並列

に交換できるので、CANの本数だけ通信量を増やすことができる。CANバスをつなぐゲートウェイ*はIDを見て、必要ならば異なる系に中継する。このゲートウェイは、エンジン制御、ドアロック解除などのクリティカルな通信を遮ることができる、セキュリティ上の関所となる。

5.5 その他の車載ネットワーク

　法律の定めがあるため、現代の全ての自動車はCANで制御されているが、その他のネットワークが同居することも多い。

　LIN：簡単な機器の制御には、LIN（Local Interconnect Network）が用いられる。CANにつながるECUを親ノードとして、たとえば、パワーウィンドウやドアミラーの駆動量をLINで送り出す。LINは、20kbpsのシリアル通信で、優先度、送受信のノードID、8バイトまでのデータを通信する。

　MOST（Media Oriented Systems Transport）：マルチメディア系の通信に用いる、光ファイバーを使った高速（20Mbps）のネットワーク。映像や音楽などのストリームデータ、非ストリームデータ、制御データを1つのフレームにまとめて送る。

　FlexRay：通信容量や信頼性の面で、CANの後継となるべく制定された車載ネットワーク規格ISO17458である。2つの独立したチャネルを持ち、冗長系を構成できる。時分割多重方式（TDM）で、優先度の高い通信には時間スロットを固定的に割り当て、実時間通信を実現する。CANが、IDによって動的に優先度競争をするのに対し、FlexRayは、あらかじめネットワークに参加する機器に優先度とタイムスロットを割り当てる必要がある。後から機器を追加する場合、優先度の再調整が必要になる。全ノードは、1ms単位で同期がとられる。FlexRayは、CANの後継ネットワークとして

＊　ゲートウェイは、異なるプロトコル、媒体のネットワークを接続する機能を指す。同じCANネットワークを接続する機能はルータであるが、車載のCANルータはパケットの遮断機能も持つことから、慣例に従ってゲートウェイと呼ぶ。

注目されたが、広く普及するには至っておらず、推進団体も休眠状態にある。

　車載Ethernet：MOSTやFlexRayが支持を失う一方で、Ethernetが力を得ている。Ethernetとその上の標準プロトコルであるTCP/IPは、非常に汎用性の高い通信方式であり、CANパケットはUDPとして、また音声信号はVoIP（Voice over IP）などとして通信できるので、一般の車載ネットワークとの互換性も一部保たれる。データリンク層はEthernetであるが、物理層は異なり、コネクタもRJ45ではない。

5.6　自動車のインターネット接続

　自動車各社は自動車を売るだけでなく、自動車使用時のサービスをテレマティックス・サービスとして充実させようとしている。たとえば、エアバッグが作動した情報を緊急通信として送り救急車を準備する、盗難に遭った車両を追跡する、道路前方の危険物や渋滞を知らせるなどである。

　これらのサービスを実現するためには、自動車を移動体通信サービス（公

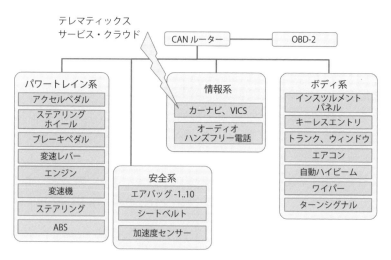

図5-3　自動車の車載ネットワークと各種のECU

衆回線網）を通してインターネットの先にあるクラウドに接続する必要があ
る。そのためには、運転手の持つスマートフォンなどを経由するか、自動車
自体が SIM カードを備えて公衆網につなぐことになる。盗難車追跡サービ
スを使おうとすれば、後者が必要になるであろう。

　自動車からインターネットに接続する部分は、ヘッドユニットと呼ばれ
る。通常は、カーナビゲーション装置か、ダッシュボードを制御する ECU
がそれに当たる。ヘッドユニットは、運転手や乗客に情報を提示したり、指
示を仰ぐ装置でもあり、そこから車内の多くの装置と通信できる。すなわ
ち、インターネットを通じて車内の ECU にアクセスするエントリポイント
が形成されていることになる（**図5-3**）。ヘッドユニットは、脆弱性が残ら
ないように十分注意して設計する必要がある。

5.7　車載 IT のセキュリティ

①ヘッドユニットから CAN への侵入

　自動車の内部は CAN でネットワーク化されており、その中心にあるヘッ
ドユニットは、インターネットに接続することがある。したがって、自動車
はネットワークから、それもインターネットから操作、操縦できる可能性が
ある。元々、ペダルやステアリングを機械的なリンクからセンサーとパケッ
トに置き換えていったのだから、これらのスイッチ類を操作したというパ
ケットを流すことができれば、自動車を操作できるはずだ。このような自動
車の遠隔制御を実際にやってみせたのは、Charlie Miller と Chris Valasek の
二人の 2015 年の Blackhat での発表である[4][5]。

　方法は、おおまかにいえば次のようになる。彼らは、最初にヘッドユニッ
トの提供する Wi-Fi に接続を試みた。パスワードは乱数で生成されていた。
そして、その乱数の種（random seed）が自動車の製造時刻を元に設定され
ていることを突き止めた。Wi-Fi のパスワードは、時刻を乱数の種（random
seed）にセットして乱数生成関数を十数回呼び出して作られていたのであ

る。この方法は、一見、十分に複雑で再現できないように思われるが、同じ時刻を指定すれば、同じ乱数系列を生成するので、時刻を表す32ビット分の分散しかない。正確な製造日はわからなくても、製造月ならば推測できるし、製造は昼間に行われたと推測できる。それでも数百万通りになるが、報告では100個以下のパスワード試行でヘッドユニットに入れたという。この過程は、YouTubeの動画で視聴できる*。6667ポートは、もともとIRC（Internet Relay Chat）に使われていたが、この場合は、D-Busと呼ばれるプロセス間通信のプロトコルの実装に使われていた。

　ここまでの解析で、カーオーディオから好きな音楽を好きな音量で再生することが可能になる。GPS情報を読み取って車両の位置を知ることもできた。クライスラーの自動車は、クラウドサービスの有無に関わらず、携帯電話回線に接続するようになっていた。そのため、携帯電話サービス網の電波の届きにくい区域に設置するフェムトセル装置からこのネットワークに侵入し、特定の車両との通信を捕まえることができた。

　次に、CANネットワークにアクセスを試みる。ヘッドユニットとなるマルチメディア機器は、自動車を制御するCANに直接は接続されていない。しかし、ゲートウェイを経由して、CANにつながっている。ゲートウェイは、ヘッドユニットに情報を提供するが、ヘッドユニットからのコマンドをCANにつながるECUには流さないように働く。ただし、ECUのファームウェアを書きかえる作業では、ヘッドユニット（OBD-2）側から自動車制御側ネットワークへのアクセスが可能である。

　そこで、二人は、このゲートウェイのプログラムを書き換えることを試みた。プログラムの書き換えは、厳重に制御されているべきだが、意外と簡単に書き換えができたという。こうして、ヘッドユニット上のプログラムから、ステアリング、エンジン、変速機、ブレーキ、ワイパー、エアコン、ドアロックなどのほとんどの機器を制御できるようになった。

---

* Remote Exploitation Of An Unaltered Passenger Vehicle（https://www.youtube.com/watch?v=MAcHkASmXEc）

　それ以降の詳細は明らかにされていないが、彼らは、Jeep Cherokee が 8km/h 以下の低速であれば、遠隔制御で不正操縦できることを示したため、クライスラー社は、2015 年 7 月、同型車を 140 万台リコールして、外部に開いていたポートを閉じるなどの修理を行った。問題は、パスワードを予測して外部から車両のヘッドユニットに侵入できたことと、ゲートウェイのファームウェアを書き換えることができたことにあると言える。

② ECU へのなりすまし

　外部からの侵入を防げたとしても、CAN に不正パケットを送り込めるような接続口が得られれば、ECU になりすまして通信することが可能である。CAN パケットは、送信ノード、受信ノードを示すアドレスがなく、パケットはブロードキャストされ、ペイロードが短い上に、暗号化されないため、なりすましパケットを送ることが容易とされる。CAN パケットの ID が何を意味するかは、明らかにされないのが普通であるが、標準 CAN では、2048 種類の ID しかないため、長時間トラフィックを観測していると、ID の意味が分かってくることがある。図 5-4 に、時間の経過とともにパケットの ID をプロットしたグラフを示す。いくつかの ID は、周期的に通信が発生しており、いくつかは周期がないように見える。また、使われている ID は全体の半分にも満たないように見えるが、めったに発生しない ID が多数存在する可能性もある。周期的なパケットは、何かのセンサー値や状態値を送っている可能性が高い。単発的なパケットは、ユーザーが加えた操縦動作だと推測できる。それらのパケットを収集・記録して、分析し、任意のタイミングで送信すれば、各種のスイッチやペダルになりすませる可能性がある。

③ スマートキーへの電波リレー攻撃

　スマートキー（key fob）は、TV などのリモコンのように、キー側でボタンを押せば自動車側のロックが開閉されるような単純な機構ではない。スマートキーは、おおまかにいえば以下のような動作をする。

(1) キーのボタンでロックを開閉する場合、可動範囲は約 20m。
(2) キーをポケットに入れた状態でドアの前 1m 以内に立ち、ドアボタンを押せばロックを開閉する。キーが近傍になければ動作しない。

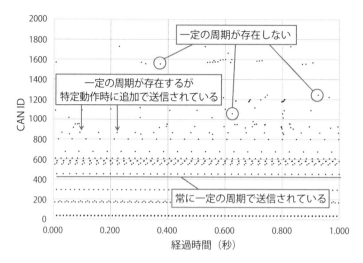

図5-4　自動車のCANトラフィックのID別発生状況
（出典：広島市立大学　井上博之）

（3）キーが車内にある場合、ドアボタンを操作してもロックは動作しない。

　正しいキーであることは暗号鍵の交換で確認するが、重要なのはキーの位置である。（2）では1m以内としたが、キーが10m以上遠くにあるときにドアノブのボタンで解錠できると、持ち主が自動車から遠ざかっていく最中に悪漢が車に近づきドアを開けて乗り込めることになる。そのため、自動車側からは非常に弱い長波（LF）の電波が出ており、キーがその電波を受信すると、強い電波で認証番号を送信する仕組みになっている。リレー攻撃は、自動車から出ている長波の弱い信号を増幅し、スマートキーがそれを受けて強い電波を出したときにドアノブのボタンを押してドアを解錠する[20]。

　自動車の鍵は、取り出しやすいように玄関にぶら下げてあることが多いのではないだろうか。リレー攻撃は、駐車場の自動車からの電波を増幅して、そのスマートキーに送り込む（図5-5）。スマートキーからのUHF電波はかなり強いので、増幅しなくても自動車に届く。リレー攻撃による自動車盗難を防ぐには、スマートキーを自動車のそばに置かないことだ。庭先の駐車場に自動車が止めてあるなら、鍵は家の奥の方におくべきだし、可能なら電磁

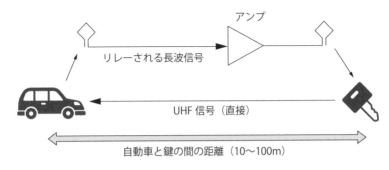

アンプ

リレーされる長波信号

UHF 信号（直接）

自動車と鍵の間の距離（10〜100m）

図5-5　自動車のスマートキーの電波リレー攻撃

シールドを施す。冷蔵庫の中やオーブントースターが良さそうだが、別の事故も起きそうなので、空き缶に入れて保管するのが良いだろう。

5.8　CAN通信の保護

　前節で述べたように、車載エレクトロニクスの根幹であるCANネットワークは、ECUになりすまして偽装パケットを送ることができるという脆弱性がある。CANをよりセキュリティ的に強固な方式に改めることができればよいのだが、互換性を維持するために抜本的な改革は難しい。それでもいくつかの対策が講じられている。CANの弱点は、①ブロードキャスト通信なので、通信が簡単に盗聴できる、②送信ECU、受信ECUを示すアドレスがない、③ペイロードが最大8バイトと小さい、④通信速度が500kbps程度と遅い、⑤平文で通信されることである。

　保護策の一つは、CANネットワークを分離することである。たとえば、エンジンや変速機に関わるパワートレイン系、ブレーキやエアバッグなどの安全系、ドアロックや合図や前照灯などのボディ系、カーナビゲーションやオーディオなどのマルチメディア系の4つに分離する（図5-3）。それぞれが並列に通信できるので、全体としての通信容量が高まる上、高い信頼性やリアルタイム性を求められる通信を他と隔離できる。各ネットワーク間には

ゲートウェイを設けて通信を監視するとともに、不必要な通信を削除する。ネットワーク容量をあふれさせるような過剰な通信、すなわちDoS攻撃があっても、全ECUに影響が及ぶことを避けられる。

　パケットの真正性を見分ける処理も有効である。なりすましパケットは、既存のトラフィックに追加して送信されるので、正しいデータと間違ったデータが入り乱れて送られてくる。そこで、データ部がこれまでの周期データと大きく異なり、センサーから推測される状況と矛盾するデータが送られていることを検知する。また、パケット周期の乱れを検出する方法もある。この方法では、ペダルやスイッチの情報を変化があった時だけ送信するのではなく、高頻度で送り続けるので、トラフィックが輻輳しやすい。

　なりすましパケットを送る際に、既存の同じIDのパケットに別の信号をかぶせ、強制的にエラーを起こさせて無効にし、なりすましパケットだけが見えるようにする攻撃もある。正常なパケットにエラーが起こったことは、それを送り出したECUにしかわからないので、別のIDを使った通信などでエラーが発生したことを通知できるようにしておくのが良い。

　パケットの真正性をMAC（Message Authentication Code）で確認する方法もある*。MACとは、送りたいデータを固有の暗号鍵でハッシュした符号である。そこで、送りたいデータにMACを付加して送信する。受信したECUは、共有している暗号鍵で送られてきたデータをハッシュし、付加されたMACと同じであれば真正なデータであると判断する。しかし、MAC方式では、4バイトのデータに4バイトのMACを付加するので、送信できるデータ量が半分になる。また、長さ4バイトのMACは、たかだか40億種類であるので、全数探索攻撃も不可能ではない。そのため、ペイロードを最大64バイトと大きくとれるCAN-FDの採用が必要になることが多い。また、この暗号鍵は、CANルータやECU内で厳重に保護される必要がある。暗号鍵を交換・共有する手続きも厳重な保護が必要である。

＊　ネットワークの MAC アドレスなどとして使われる Media Access Control Address とは
　　別の用語

第6章

ハードウェア・
セキュリティ

　IoTはモノをIT化するが、家屋の中で管理されるPCやサーバーと異な
り、モノが店舗や駐車場などの公共の場所に置かれることも多いので、モノ
が攻撃者の手に渡る可能性がある。その場合、モノの蓋が開けられ、メモリ
や部品を暴かれるかもしれないので、ハードウェア的なセキュリティが重要
な問題となる。すなわち、**図6-1**の中で、PCやサーバーの場合は、ネット
ワークやUSBなどの通常の接続点を考慮すればよいが、IoTでは、ハード
ウェアが備える保守用インタフェースや非正規インタフェース、また物理的
接触などさまざまな接続点を保護する必要があることになる。

6.1　保守用インタフェース

　保守用インタフェースとは、通常の運用時は使用しないが、システム開発
時や、機器が変調を来したときにデバイス内部の状況を調べるためや、
ファームウェアの更新をするために用いる接続口である。具体的には、

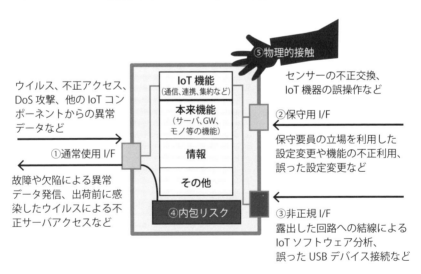

図6-1　IoTコンポーネントに対する脅威やハザードの例
（出典：IPA「つながる世界の開発指針」）

TCP/IP系では、telnet、ssh、VPN、SoftEtherなど、ファームウェア開発系では、UART＊、JTAG＊＊がある。ssh、VPNは、TLSやIPsecなどの暗号が施されるので盗聴される危険性はないが、パスワードが破られる危険性はtelnetと同様に存在する。TCP/IP系の保守ポートとUARTは、デバイスのファームウェアにログインしてshellを走らせるという点では、よく似た使われ方をする。完全な防護策は、これらの保守ポートを閉じておくことであるが、それでは保守ができなくなるので、最善の策は強力なパスワードを付けて、telnetではなくssh、VPNを使うことであろう。

　しかし、暗号を使うプロトコルは、非力なIoTデバイスでは採用できないことも多い。どうしてもtelnetやUARTを使わざるを得ないなら、ログインしても実行できることを強く制限しておくことや、危険な操作をするときは別のパスワードを要求することが必要であろう。rootへの昇格に別のパスワードを要求するのと同じである。UARTは、ネットワークではなくローカルなシリアル回線で保守用のログインを許可する。ネットワークを介した遠隔からのログインではない分だけtelnetより安全であるが、やはりパスワード保護は重要である。しかし、これらのパスワードが窃取されないよう十分に保護できるのかという問題が残る。Linuxのpasswdファイルが読み取られると、総当たり攻撃によってパスワードが露見する可能性が高い。

　JTAGは、ファームウェアを介さずハードウェアに直接アクセスする機能であるため、使い方は難しいが、危険性は他よりずっと大きい。図6-2でも、裏口のように描かれている。JTAGとは、Joint Test Action Groupの略で、IEEE1149.1として規格化されている。もともとは、バウンダリスキャンという、半導体チップが基板に正しく取り付けられていることを試験するために、ピンに指定した値を出力したり読み込んだりするための機能であった。その後、MCU各社がCPUやメモリを読み書きする機能を独自に追加し、ファームウェアの開発や更新に使用するようになった。JTAGは機種ご

＊　　UART：Universal Asynchronous Receiver and Transmitter
＊＊　JTAG：Joint Test Action Group。半導体製品のテスト法を定める組織の名称であるが、インタフェースポートの名前としても使われる。

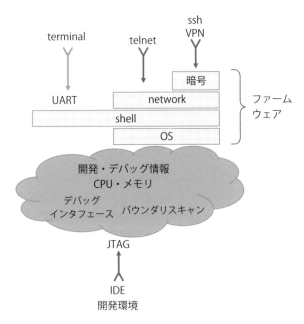

図6-2　IoTデバイスの保守用インタフェースの実際
JTAGは、ファームウェアを介さずにハードウェアを直接操作する

との差異が大きく、専用の接続インタフェースが必要になる。クロック
TCK、データ入力TDI、データ出力TDO、状態制御TMSの4線で接続す
る。PCのUSBなどからJTAGを通じてMCU内のバスに直接接続し、以下
の機能を発揮してMCUのプログラムをPCでクロス開発するために用いる。

(1) CPUのリセット、停止（ブレーク）と再開（リスタート）

(2) 任意のアドレスへのジャンプ

(3) シングル・ステップ実行

(4) ハードウェアおよびソフトウェアブレークポイント設定

(5) メモリとIOレジスタの読み書き

(6) 汎用レジスタの読み書き

(7) プログラムコードやデータのダウンロード

(8) プログラムの逆アセンブル

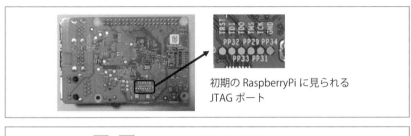

初期の RaspberryPi に見られる
JTAG ポート

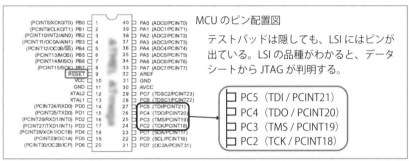

MCU のピン配置図

テストパッドは隠しても、LSI にはピンが
出ている。LSI の品種がわかると、データ
シートから JTAG が判明する。

PC5　（TDI / PCINT21）
PC4　（TDO / PCINT20）
PC3　（TMS / PCINT19）
PC2　（TCK / PCINT18）

図6-3　基板およびチップに現れるJTAGポート

　いずれもプログラム開発に必須の機能であるが、危険な機能でもあること
がわかるだろう。攻撃に用いられると、MCUのプログラムが丸裸にされて
しまうだけでなく、改ざんされて危険な動作をさせられる。実際には、プロ
グラムを書き換えるには高度な技能を必要とするが、不揮発のデータメモリ
を読み出して解析されれば、保存しておいたパスワードや暗号鍵が露見する
可能性がある。したがって、高いセキュリティを求められるデバイスでは、
JTAGインタフェースは無効化しておくべきである。簡単な対策は、ボード
にJTAGの接続ポートを付けないことだが、MCUにはJTAGのピンが出て
いるので、繋ぎ込まれる心配は残る（図6-3）。LSIの型番がわかるとデータ
シートからピンの配置が判明してしまうので、LSIの型番の刻印を削り取る
ことも保護方策の1つである。また、MCUチップ内には、JTAGの配線を
切るフューズが設けられているものもある。あるいは、JTAGへの接続に認
証が必要なタイプもある。
　もちろん、JTAGを塞いでしまうと以後の保守が困難になる。しかし、

IoTデバイスのセキュリティを長期間にわたって維持するためには、セキュリティアップデートが必要だと広く認識されているので、多くのIoTデバイスは、ネットワーク経由でアップデートできるようになってきている。ネットワーク経由のアップデートもセキュリティ問題は生じるが、ネットワークからのアップデートは簡単に行える上に、実際の運用では頻繁にアップデートが発生することも多いので、JTAGを経由した保守は行われなくなってきている。JTAGは、開発時のポートとして使った後は、閉じてしまうのが望ましい。後に改修が必要になったときは、ユニットごと交換することになるだろう。

6.2　サイドチャネル攻撃

　保守ポートは、裏口であるが接続口として設計された通信ポートであるのに対し、サイドチャネル攻撃は、図6-1では非正規インタフェースとして示される通り、通常や補修用の通信ポートとは全く異なるところから得られる信号を用いて攻撃する。それは、主に電源線で計られる消費電流や、動作する回路が発する電磁波、実行時間のばらつきなどである。このように通信ポートではない、副次的な信号を用いるのでサイドチャネル攻撃と呼ばれる。ここでは、電力解析攻撃（SPA）について説明する。

　MCUの内部では、メモリに記録されたプログラムの命令列を読み出し、加減算などの演算を加えて結果をメモリに書き出す処理が毎秒数千万回以上繰り返されている。この計算を担うのは、MCUを構成する100万個以上のトランジスタである。MCU、すなわちコンピュータの中のトランジスタは、スイッチとして動作しており、微弱な電流のオン・オフを繰り返している。オンになれば電源からトランジスタ内に形成されるキャパシタの容量を充電する過渡的な電流が流れ、短時間で止まる。オフになると、入力から見て電源の反対側にあるトランジスタがオンになる。

　この過渡的な電流は、多数のトランジスタが同時に動作することで平均化

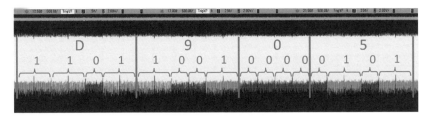

鍵ビットが1のときと0のときで、
LSIの消費電流が異なる、時間幅も異なる

図6-4　RSA復号時の電圧波形の例
消費電流の変化から暗号鍵を推測する（産総研セキュアシステム研究部門）

されるが、命令種やデータの値によって同時にオン・オフするトランジスタ
の数が異なる。すると、どのような処理を行っているかに依存して、瞬間的
な消費電流が微妙に変化する。すなわち、消費電流の微細な変動を計測すれ
ば、MCUがどのような処理を行っているかが推測できるようになる。CPU
が実行する命令の一つ一つが何であるかを解釈する必要はない。たとえば、
暗号鍵が1ビットマッチした処理か、マッチしなかったときの処理かが判別
できれば、暗号鍵の全体を推測することが可能になる。

　図6-4は、RSA暗号を復号する場面で現れた消費電流の変化である。灰
色の部分が電圧の変動を表している。灰色の下の部分が示す瞬時最低電圧が
上下している。そして、電圧があまり下がらない部分が、暗号鍵ビットが0
の時、もっと下まで下がった部分が1の時であることが判明している。ま
た、0と1では処理時間も変化している。このように消費電力と秘密情報の
間に現れる相関をつなぎ合わせると、暗号鍵は、0xD905であることが判明
する。

　電力解析攻撃を回避するには、CPUが扱う0と1のデータと消費電力の間
に、相関が生じないような回路を構成すべきである。この方法として、大き
くマスキングとハイディングの二つの方針がある。マスキングは、データ処
理の傍らでランダムな処理を行うことで、同じデータに対して常に同じ消費
電力にはならないように見せかける。ハイディングは、相補的な処理を同時

に実行することで、総合的な消費電力が一定になるようにする。一般の
CPUの回路を作るときに、このような配慮をすることは難しいが、ICカー
ド、MCUに付加する暗号回路、FPGAで設計するセキュリティ計算機など
では、配慮と検証が必要になる。

6.3　グリッチ攻撃

　グリッチ攻撃はクロックや電源にパルス的なノイズ（glitch：グリッチ）
を加えることでCPUの誤動作を誘発する攻撃である。**図6-5**のV_{CC}の丸で
囲った部分がグリッチである。

　コンピュータ内のゲートを構成するトランジスタは、電源電圧のほぼ半分
の電圧を、0と1を識別する閾値電圧として動作している。電源に注入され
るグリッチによって一瞬高い電源電圧になると、閾値電圧が引き上げられ、
論理回路の動作が反転することがある。逆に、低い電源電圧にすれば閾値電
圧が下がり、やはり論理が反転する。クロックは一定の周波数を刻んでいる
が、瞬間的に周波数を高くする、あるいは狭い幅のクロックパルスを重畳さ
せることで、やはり論理回路が誤動作することがある。

　グリッチ攻撃をしかけるには、プログラム命令列の中で、CPUが特定の

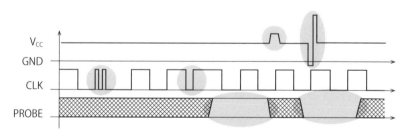

図6-5　電源とクロックへのグリッチ攻撃

命令を実行しているタイミングを正確に狙わなければならない。たとえば、与えられたパスワードが正しいかどうかを判定している条件分岐命令を選定し、グリッチを加えることで、条件が満たされていなくても条件分岐が成立するような動作をさせる。すなわち、どのようなパスワードであっても正しいと判断させられる。

6.4　侵襲型の攻撃

　LSIパッケージを硝酸やフッ化水素酸によって腐食し、内部のチップのダイをむき出しにして回路の動作を観測したり、回路に改変を加えたりする侵襲型（Invasive）攻撃がある[21]。

　半導体チップは、半導体のサブストレートの上にトランジスタと電極を形成し、さらにその上に金属配線層を積層している。配線層は、近傍のトランジスタを接続する配線、バス線、遠方のトランジスタと接続する配線、電源線、GND線など多層に積層される。この金属配線層に化学的なエッチング（腐食）処理を加えることで、上層から順にむき出しにすることができる。**図6-6**は、左のような縦方向の配線を除去して、その下にある配線を読み取れるようにしたものである。

　この処理を繰り返していくと、**図6-7**のように最下層で半導体層に達す

図6-6　表面の配線層を剥離して深部の配線を読み取る
（出典：Sergei Skorobogatov, 2011）

図6-7　配線層を剥離してROMを読む
（出典：Skorobogatov, 2011）

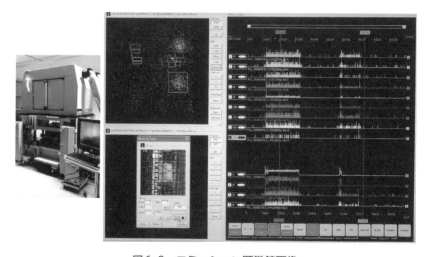

図6-8　エミッション顕微鏡画像
左：浜松ホトニクス製Triphemos
右：観測画像　発光位置と発光の時間変化

る。それがマスクROMであれば、そこに接続があるかないかで1、0を判別することができる。同様の処理をもっと複雑な回路に適用すれば、回路図を抽出できる場合もある。

　これらは、静的な回路の状態を読み取ろうとする攻撃であるが、動作する回路が発する弱い発光を捉えるエミッション顕微鏡を用いると、回路の動的な活動を読み取ることも可能である。**図6-8**左図のTriphemosは、可視光域の空間解像度とナノ秒以下の時間分解能を持つエミッション顕微鏡である。高性能の光電子増倍管をセンサーとして用い、図6-8右図のように動作中の回路が発する微弱な光（電磁波）を補足して可視化する。このような装置は、LSIチップの異常動作や故障解析のために開発された装置であるが、ハードウェアのセキュリティ解析にも使用可能である。

　積極的に回路を改ざんすることもできる。**図6-9**は、FIB（Focused Ion Beam：集束イオンビーム）装置である。真空チャンバーに半導体チップを

図6-9　DCG製FIB集束イオンビーム装置
FIBを用いた回路の修正（提供：Sergei Skorobogatov 氏）

置いて、非常に細く絞った重イオンのビームを当てる。重イオンビームは、電子線などよりはるかに大きな運動量を持ち、対象物の分子をはね飛ばすことで、微細な加工が行える。たとえば、JTAGのセキュリティフューズを切ったりつないだりすることで、LSIへの攻撃を可能にできる可能性がある。

6.5　耐タンパーハードウェア

　このようにIoTデバイスが攻撃者の手に渡ると、ハードウェアに対する物理的な攻撃を行って、暗号鍵を抽出することや、間違ったパスワードを正当と誤認識させるような不正な動作が可能になる可能性がある。したがって、ソフトウェアだけでなく、ハードウェアにもセキュリティ対策を施した耐タンパーハードウェアを用いるのが望ましい。

　例えば、Maxim社のsecure iButtonは、厚さ16mmのステンレス製の缶にLSIを封入しており、缶を開けると動作しなくなる（**図6-10**）。LSIやMCUの中には、高セキュリティ品と呼ばれるものがある。Suicaなどのスマートカードに用いられるのもそのようなセキュアなLSIチップであり、その詳細は、紙幣の読み取り法と同様に秘密である。

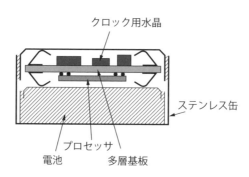

クロック用水晶

ステンレス缶

プロセッサ

電池　　　多層基板

図6-10　耐タンパーの小型コンピュータ
ケースをこじ開けると電源が供給されなくなりメモリが消失する

　高セキュア品の使用が難しければ、①なるべくワンチップで構成する、ま
た②なるべく高集積度（微細スケール）のLSIを用いるのが良い。複数チッ
プで構成すると、チップ間の配線から情報が漏洩しやすい。また、可視光の
波長は、380-780nmであるので、それ以下の微細なLSIであれば、光学的な
方法で情報を読み取ることが難しくなる。

6.6　偽造防止技術

　2013年の模造品、偽造品の世界市場は、50兆円規模だったとするEUのレ
ポートがある[22]。空港に展示してある鞄の偽物や偽札がすぐに思いつく
が、今では、パスポート、クレジットカードなど重要な証書類が電子化され
ている。電子パスポートなどは、印刷版やサインより信頼が置けるようにも
見えるが、半導体チップの偽造の心配はないのだろうか？

　「ハードウェアハッカー」（Andrew "bunnie" Huang）では、ハードウェ
アを扱う怪しい作業環境や、オンラインショップなどで売られるメモリカー
ドの容量に規定の容量がない事情などが詳しく語られている。廃メモリのマ
イクロコントローラを入れ替えて、異なる容量のメモリとして再生し、販売
することがあるという。

　現在は、半導体の設計者とファウンドリやファブと呼ばれる製造者が分離
している。設計情報をファブに渡して、必要な個数のチップの製造を委託す
る。そして、ファブが、歩留まりを考慮して必要個数を納めようとすれば、
委託された個数を上回る個数を製造することになる。契約書に書かれた個数
を納入した後に、残ったチップはどうするだろうか？　一方で、システムに
組み込まれた半導体チップが故障し、同じチップを購入したい場合、すでに
廃版になっていて購入できないが、同じ機能の部品を再生したいという事態
も発生する。チップを再生するリバースエンジニアリングがビジネスとして
成立しているので、いろいろな方法で半導体チップの偽造品が出回る可能性
がある。

　半導体の偽造防止技術として、PUF（Physically Unclonable Function）が注目されている。PUFは、半導体の製造過程で生じるばらつきをチップの指紋のような識別情報として使う。ばらつきとは、チップに大量に集積されるトランジスタの性能、たとえばスイッチング速度や閾値が個々にわずかに異なることを指している。半導体製造者は、ばらつきのない、性能のそろったチップを大量生産したいのだが、ウェファー上で温度が均一でなかったり、ドープする不純物の濃度が一定でなかったりすることで閾値電圧が変動し、それによって動作速度に差が生じる。またトランジスタが非常に微細化したので計算に参加する原子や電子の数の差が無視できなくなる。

　このような理由で発生する少しずつ性能に差があるトランジスタを数百個用いて、PUF関数を構成する。このPUF関数は、同じ引数に対しても、チップごとにランダムな値を生成する関数となるが、同じチップは安定的に同じ乱数を発生するように構成できる。この数値を識別用のIDとして用い、正規チップのIDをデータベースに記録しておいて、偽造を検出する。PUFは、高性能を求める部分には単結晶シリコン、ばらつきを利用したい部分には多結晶シリコンを使ったFinFETを構成できるまでに発展している[23]。すぐに利用できる技術ではないが、今後、IoTデバイスのサプライチェーンを安全に運用するためには必要な技術となるであろう。

第7章

IoTセキュリティの運用

　表7-1の「つながる世界の開発指針」では、保守、運用の段階で配慮すべきこととして、表の5つの指針を掲げている。13は、いわゆるログ機能であり、14は、セキュリティアップデートを意味している。本章では、これらに加えて、15 – 17に関連してPSIRTと呼ばれるIoTセキュリティインシデントへの組織的対応についても解説する。

7.1　ログ機能

　ログとは、IoTシステムの動作イベントの記録である。どのようなコマンドやトリガーに応じて何をどこに送信したか、あるいはどのように内部状態を変えたかを記録する。文字・言語で記録を残すことは、人類の最大の知恵の一つであり、他の生物は、DNAを書き換えることでしか次の時代を変えられないのに対し、人類は記録によってはるかに高頻度で文化や文明をアップデートしてきた。

　安全にとっても記録は非常に重要である。情報通信のISMS、鉄道のRAMS、あるいは品質保証制度などの規格は、文書記録を証拠として残すことを要求している。航空機の安全を例にとると、最大離陸重量が5700kgを超える航空機は、航空機の運航の状況を記録する装置を備え付ける義務がある[*]。そのような装置は、機体の状態と操縦の履歴を記録するフライトデー

表7-1　IoTの運用セキュリティに関するつながる世界の開発指針

保守	市場に出た後も守る設計を考える	13	自身がどのような状態かを把握し、記録する機能を設ける
		14	時間がたっても安全安心を維持する機能を設ける
運用	関係者と一緒に守る	15	出荷後もIoTリスクを把握し、情報発信する
		16	出荷後の関係事業者に守ってもらいたいことを伝える
		17	つながることによるリスクを一般利用者に知ってもらう

[*]　航空法施行規則第149条に運行の状況を記録するための装置が規定されている。

タレコーダ（FDR）と、コクピット内のパイロットの会話を記録するコクピット音声レコーダ（CVR）である。

　重大な航空機事故では、乗務員も含めて生存者がおらず、機体が散逸し海底に沈むなどして証拠が失われることが多い。FDRとCVRは、機体後部の比較的残存率の高い部位に設置され、海に沈んでも一定期間信号を出して発見を容易にする。さらに、機械の故障なのか、操縦のミスなのかを判別しやすくするために、会話も記録される。そのため、航空機事故が発生すると、真っ先にこれらの装置が捜索される。FDRとCVRが見つかった場合は、高い確率で事故原因が推定できる。これらの装置で事故原因の解明が進んだことによって、航空機の事故率は、**図7-1**のように40年前の5％程度にまで下がった。

　このように、安全対策のために状態や操作の記録を残すことは大きな効果がある。これらの記録は、客観的証拠を以て事故の原因を突き止めることを可能にする。そして、事故の原因がわかれば、事故を防ぐ対策を講ずることもしやすくなる。

　事故が偶発的故障や過失によるのであれば、ログの意味は原因究明と対策

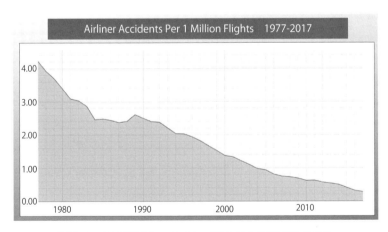

図7-1　100万回のフライトで起こる航空機事故の件数

（出典：aviation safety network）

につきるのだが、サイバーセキュリティのように犯罪行為を警戒する場合、ログを残すことには、もう一つ重要な意味がある。それは、犯人を特定し、犯罪行為を起こしにくくする効果である。

　セキュリティ侵害を起こす犯人が最も心配していることは、自分がやったと露見することである。ログは、不正アクセスの時刻、侵入経路、特徴的な動作列などを明らかにして、犯人の特定を可能にする。したがって、犯人あるいはマルウェアは、侵入後にまず侵入の形跡を消して、犯人特定を妨害しようとする。そして、それが困難、すなわち犯人の特定が可能と分かれば、不正行為を中止することも考えられる。すなわちログには犯罪抑止効果も期待できる。

7.2　ログの保護

　ログは事故の解析と犯人特定に重要な情報であるから、簡単に消えないように保護する必要がある。たとえば、航空機のFDRは、大きな衝撃でも破壊されず、深海に沈んでもつぶれることなく発見され、解体して改ざんされることがないなど、保護すべき条件まで定められている。

　最近は、衛星回線を通じて、遠隔のサーバーにログを残す方法も取られている。IoTデバイスのログを保護するには、盗難のリスクの高いIoTデバイス自体にログを残すのは好ましくない。また、SDメモリなどのリムーバブルメディアにログをとるのは、そのSDメモリに犯人が手を触れられないことがわかっている場合しか役に立たない。4.9節で述べたようなフォグサーバー、ゲートウェイあるいはクラウドのサーバーにログを置くべきである。さらにこのログの改ざんを防ぐためにログファイルを暗号化する、ログサーバーを冗長化あるいはバックアップする、ログのハッシュをとって別のサーバーに記録するなどができればさらによい。

　サーバーでログ管理を行えば、ログから異常動作や侵入行動を検出することも可能になる。このようなログ解析を行うIDSのオープンソースソフト

ウェアとして、snortやsuricataなどは定評がある。

　航空機は法律でログ記録が義務となっていると述べたが、国内で義務となっているのは、最大離陸重量が5700kgを超える航空機であるという点に注意すべきである。すなわち、軽飛行機はログを残していない。航空機のFDRは、海底に沈んでも壊れず、居場所を発信し続けるよう頑丈に作る必要があるため、非常に高価である。これをITに置き換えると、重厚なサーバー類はログを残すべきだが、小さなIoTではログを残さないのもやむをえないということになる。

　軽飛行機では、事故の犠牲者はその飛行機の所有者自身で、法的な問題が少ないのかもしれないが、IoTではデバイスが他者のサーバーの攻撃に使われることもあるので、すべからくログを残すべきであろう。航空機のFDRは大きくて高価だが、IoTのログは、幸い簡単な設定でフォグやクラウドに情報を残すことができる。IoTになってネットワークが充実したからこそ可能になる解法である。

7.3　ログに記録する情報

　IoTデバイスでのログに残すべき情報には、以下が考えられる。
- 時刻、位置（GPS）
- 実行ログ：ユーザ認証、データ（ファイル）アクセス、アプリケーション実行
- 制御：ログ開始・停止、扉の開閉、チェックサム、移動履歴
- 動作環境：CPU負荷、ネットワーク負荷、リソース占有率、温湿度
- 管理履歴：構成管理情報更新、ソフトウェアの更新履歴、故障履歴

　ログを侵入の自動検知に用いる場合はリアルタイムで結果が得られるので、ログの保存期間は短くてもよいだろう。逆に自動検知を行わない場合、多数のデバイスのログの監視を目視で行うとは考えられないので、保存期間を長く確保すべきであろう。すると、ログすべき情報はあまり大きくできな

い。しかし、時刻だけは省くべきでない。侵入行為は、多数のデバイスを複合的に試すことが多いので、どこから侵入されたか、どこから感染が広まったかの原因を特定するためには、動作の順番がわかっていることが重要である。各IoTデバイスは、NTPなどを使って時計を校正しておくべきであるし、フォグサーバーが一括して記録するときに時刻を補う方法も考えられる。

　ログは重要な情報であるが、攻撃者にとっても重要な情報であるので、消去や流出にも警戒すべきである。たとえば、過度の個人情報を含まないようにすべきである。

7.4　時間がたっても安全を維持する機能

　IoTデバイスは、家庭や工場の現場で使用が開始されると、ユーザーが管理のために介入することが難しい。また長期間放置されることも多いので、設計段階でセキュリティ対策を講じることが重要である。さらに時間がたっても安全を維持する機能が必要である。

　その第1の理由は、IoTシステムに新たな脆弱性が見つかるからである。表7-2は、日本の代表的な脆弱性情報のデータベースであるJVN iPediaで、プログラム名別に脆弱性の件数をカウントしたものである。いずれも歴史の古いプログラムであるが、毎年、100件以上の脆弱性が見つかっている。灰色で示したsnort、suricataは、それぞれIDS、IPSシステムで、いわゆるセキュリティツールであるから、セキュリティに造詣の深い人たちが開発にかかわっているが、それでも新規に発見される脆弱性はゼロではない。よく使われているプログラムであれば、開発が終了して安定した状態にあることはまれで、常に新しい機能が追加されたり、新しいコンポーネントの導入が行われている。そこに新たな脆弱性が生まれる可能性がある。暗号プロトコルは安全性が証明され、長期間安定的に使われていることが多いが、2014年にはOpenSSLにハートブリード（心臓出血）と呼ばれる致命的な問題が見

表7-2　2014〜18年のJVN iPediaに登録された脆弱性件数

キーワード	全件	2018年	2017年	2016年	2015年	2014年	備考
Linux kernel	2331	151	503	300	126	143	Linux 本体
Apache	1214	138	160	153	105	103	httpサーバ
Tomcat	188	8	24	17	6	15	Webアプリ環境
Word press	1492	212	190	81	200	330	コンテンツ管理
snort	18	1	2	6	1	3	侵入検知IDS
suricata	17	7	2	2	3	4	侵入防御IPS
WindowsXP	162	0	6	4	0	10	2014年サポート終了
Windows10	722	103	118	89	123	31	

つかっている*。

　また、脆弱性ではないが、新たなリスク問題が拡大することもありうる。特に、個人情報の漏洩に人々はより敏感になっている。欧州ではGDPRのように個人情報をより強く保護する法制度が施行された。その他に、IoTサービスを展開する企業の統廃合や、セキュリティ技術者の退職なども新たなリスク要因となりうる。

　さらに、IoTデバイスを取り巻く技術的環境も動的に変化していく。ネットワークには、より多量の不特定デバイスが接続されてくるだろうし、機器は想定外の使い方をされる場合もある。通信規格（プロトコル）も変化する。たとえば、httpsの暗号化にも使われるTLS1.1には脆弱性が見つかったので、TLS1.2以上を用いなければならない。

7.5　IoT デバイスの監視

　IoT デバイスが、自らを監視しながら動作する方法として、ウォッチドッ

---

*　SSL には、ハートビートと呼ばれる周期的な動作を行う部分があり、そのエラー処理に付随するバグから生じたのでハートブリードと呼ばれる。ハートブリードは、SSL の実装上の問題であり、善意のバグ修正プログラムが別のセキュリティ問題を引き起こした。

グ（watchdog、番犬）、セキュア OS、ハイパーバイザ（Hypervisor）による仮想化などが考えられる。この順番で採用が難しくなる。

①ウォッチドッグ

　コンピュータには、かなり初期から、ウォッチドッグタイマというハードウェア機構が設けられていた。ハードウェアにおけるタイマとは、マイクロ秒〜1秒程度で任意に設定された時間で、そのコンピュータ自身に割り込みをかける機構である。

　ウォッチドッグタイマは、割り込みではなくコンピュータをリセットするところが異なる。割り込みは、ソフトウェアでマスク（禁止）することができるが、リセットはいきなり電源を抜くことに等しく、途中の計算結果は捨てられるし、抗えない。そのため、ウォッチドッグタイマによるリセットがかからないように、タイマのカウントダウンを初期値に戻すプログラムを別のタイマによって周期的に実行させておく。

　システムに異常が生じた場合、たとえば割り込み禁止にして無限ループを実行してしまうような事態に陥ると、タイマを初期化する周期プログラムが実行できなくなる。すると、ウォッチドッグタイマによるリセットが働いて、システムは正常に戻る。これは、プログラムのバグによる異常動作に備える機構だが、不正侵入を受け、マルウェアが実行された状態から正常に戻るためにも使える。IoT デバイスには、たいていウォッチドッグタイマが組み込まれている。また、リセットするのではなく、マスクできない割り込み（NMI）を発信させることもできる。NMI ハンドラは、たとえば何らかの証拠保全作業を実行した後、メモリを初期化してリセット番地に飛び込めば良い。

　Linux には、ハードウェアのウォッチドッグタイマを使うか、ソフトウェアによるウォッチドッグの実装である、watchdog daemon を走らせられる。たとえば「/dev/watchdog」に1分間隔など定期的に書き込みを行わないと、リセットがかかる。ソフトウェアのウォッチドッグでは、リブートを起こす。そのため、この daemon は1分より短い間隔で起動されるが、「/

dev/watchdog」の書き込みの他に以下のような検査を行い、異常が見つかればシステムをシャットダウンする。

(1) 過大な数のプロセスが生成されていないか

(2) フリーメモリが十分あるか

(3) 重要なファイルのアクセス権限が変更されていないか

(4) ログの更新が続いているか（攻撃者は最初にログを止めようとする）

(5) load averageが高すぎないか

(6) daemonプロセスがkillされていないか

(7) 特定のIPがpingを返してくるか

(8) ネットワークインタフェースはトラフィックを検知しているか

(9) CPUチップの温度が正常範囲内か

　検査項目やリブート、リセットの前に実行する項目は、ユーザーが追加することもできる。

　ウォッチドッグはこのように、簡単に監視システムを作れるが、攻撃者はそのことも理解していて、watchdog daemonを停止させようとする。watchdogのpidがあれば、killで止めることができるが、そうすると /dev/watchdogへの書き込みが止まるので、システムはリブートするという仕組みである。しかし、watchdogを合法的に停止させる方法もあるし、別途/dev/watchdogに書き込むプロセスを用意することもできるので、ウォッチドッグだけに頼ってセキュアにできるわけではない。watchdogより強力なauditを用いる手段もある。

②セキュア OS

　セキュアOSは、強制アクセス制御によってセキュリティを強化したオペレーティングシステムである。OSは、いろいろな形でユーザーやプロセスの権限を制限することでシステムを保護している。ファイルやデバイスには所有者とグループが記録されていて、所有者・グループ・一般の3種類のユーザーが、当該ファイルの読み/書き/実行のどの組み合わせが許されるかを制御している。また、ネットワークは、どのホストからの通信がどのサービス（ポート番号）に到達できるかを制御している。

　セキュア OS は、これらに加えて、ファイルやデバイスに対して、どのような順番で起動されたプロセスがアクセスできるかを制御する。たとえば、ログファイルを消去できるのは、root が起動した/usr/sbin/logrotate（ログを圧縮し番号を転回するプログラム）だけであることを指定する。また、ネットワークに対しては、80 番ポートに応答できるのは、bin が起動した svn だけであるように設定できる。root に昇格できれば何でもできることにはならない。

　どのプロセスやユーザーに、どのような操作が許されるかは、アクセス制御ポリシーとしてファイルに記述する。ユーザーやリソースの種類が増えると、ポリシーが大きくなり記述が大変になる。また、間違った記述を含んだままアクセス制御を強制すると、正しいプログラムが動かなくなる危険性がある。Secure Linux の一つである TOMOYO Linux では、ポリシーを学習するモード、ポリシーを試行するモード、ポリシーに従ってアクセスを拒否するモードに分離することで、セキュア OS の導入を助けている。

　セキュア OS は、主に Linux で盛んに実装されてきた。Linux には、そのために LSM（Linux Security Module）という機構も備わっている。SE（Security Enhanced）Linux が有名だが、国内では、TOMOYO Linux が使いやすく定評がある。IoT では、実行するプログラムの種類は限定されるので、ポリシーの記述は簡単になるはずであり、大きな導入効果が期待できる。セキュア OS によるオーバヘッドはわずかであることがわかっている。

③ハイパーバイザ

　ハイパーバイザとは、オペレーティングシステムのカーネルが動作するスーパバイザモードのさらに上の権限で動作するモニター（監視）プログラム、または仮想化マシン実現のための仕組みという意味がある。二つのオペレーティングシステムを同時に使用したいという要求が生じた場合、ある OS の上に仮想化ソフトウェアを走らせ、その上にもう一つの OS を載せるという親子型の仮想化に対して、ハイパーバイザは、一つのハイパーバイザの上で、複数の異なるオペレーティングシステムを並行して兄弟型で動作させられるのが特徴である。

　ハイパーバイザは、IoTのアプリケーションやOSから見えないところで動作している。つまり、ウォッチドッグやセキュアOSは、その存在や動作がマルウェアから知られてしまうが、ハイパーバイザはOSの影にひっそりと隠れて、マルウェアの入出力動作やメモリの状況を監視することができる。マルウェアは、OSのファイアウォール動作に気がついて、その無効化を図るかもしれない。高度なマルウェアは、監視されていることを検知して潜伏し、監視プロセスを停止させようとすることがある。しかし、ハイパーバイザのファイアウォールや監視機能はマルウェアには見えないので、そのような妨害に強いことになる。

　ただし、ハイパーバイザはOSの機能が呼び出せないレベルにあるから、そこに監視プロセスを走らせることやレポートを発することは非常に難しい。また、小さなIoTデバイスには、ハイパーバイザが要求する計算リソースを提供することは難しいだろう。

　ここで述べた監視は一般に、異常な動作を見つける「アノマリー（Anomaly）検知」と呼ばれる。実行していることは、実現のレイヤは違えど、正常動作からの逸脱を検知することである。では、正常動作とは何なのだろうか？　ウォッチドッグを仕掛けるには、何が正常で何が異常かを識別するルールをプログラムしなければならない。TOMOYOでは正常動作を学習で習得するが、実はこの問題は、長期間の運用実績が必要になる、かなり難しい問題である。

7.6　セキュリティアップデート

　このように、セキュリティ環境の変化に対応するために、IoTデバイスにセキュリティアップデートの機能を搭載しておく必要がある。セキュリティアップデートは、Windows updateなどに見られるように、一般にコンピュータのプログラムを更新する行為である。PCの場合は、ハードディス

クに書き込まれたソフトウェアの更新であり、IoT デバイスの場合は、フラッシュメモリなどの不揮発メモリに書き込まれているファームウェアを更新する。PC 以外の機器では、スマートフォンやワイヤレスルータ、オンライン TV などで同様の行為を経験された方が多いであろう。ファームウェア更新は、セキュリティを維持するために重要な作業であるが、IoT デバイスの動作を制御するファームウェアを書き換えるのであるから、非常に危険な作業でもある。

　通常は、機器がソフトウェア供給元のサーバーに定期的に問い合わせ、更新すべきプログラムがある場合は更新して良いかをユーザーに確認し、ソフトウェアをネットワーク経由でダウンロードし、機器内のソフトウェアやファームウェアを書き換える。そのとき、「電源を切らないでください」、「更新が終わると、装置を再起動します」というようなメッセージが表示される。

　IoT デバイスのファームウェア・アップデートも同様の手順で進行するが、人が介入しないのが IoT であるという特徴に照らすと、最後の 2 種類のメッセージで確認することができないことになる。そのために、不正なアップデートにより不正なファームウェアに置き換わってしまう可能性がある。具体的には、次のようなリスクが存在する。

(1) 不正なサーバーからダウンロードされる。

(2) ファームウェアを解析され、不正なファームウェアが作られ、デバイスに注入される。

(3) 不正なタイミングで、（繰り返し）アップデートが強行される。

これらのリスクへの対策は以下のようになる。

(1) サーバーの真正性を保証する。信頼のおける証明書を用いるか、サーバーと IoT デバイスの間で、決して漏洩することのない鍵を共有する。その実現には、TSIP のようなハードウェアセキュリティ機能を活用する。

(2) ファームウェアが攻撃者にダウンロードされないように、サーバーが

IoT デバイスを認証する。そのためにやはり TSIP のような信頼の基点を使用する。ただし、攻撃者が真正な IoT デバイスを保有していれば、攻撃者に更新ファームウェアをダウンロードされることは完全には防げないので、IoT デバイスが不正な経路でファームウェア更新を受け付けないようにする。たとえば、デバッグ用の JTAG ポートを塞いでおくことが考えられる。

(3) 一定の時間間隔以下の高頻度でアップデートが行えないようにする。そのためにデバイス内で時計の逆行が起きないように対策する。

　上記の対策は、証明書や TSIP といった高度なセキュリティの基礎を必要とする。しかし、これらの機能を持たない IoT デバイスは、不安定な状況に置かれる。そこで次善の、より実現しやすい方法としては、セキュリティアップデートを制御するプログラムを変更不可能な ROM プログラムとし、このプログラムが受け入れようとしている更新プログラムの正当性を MD5 などのハッシュで検討する方法がある。書き換えられない ROM プログラムを信頼の基点とする方法であるが、ハッシュ値を問い合わせるサーバーが乗っ取られる可能性もあるので、完全な防御法とはならない。

　より安全なプログラム更新の方法は、インターネットを介さずに、管理者が、オフラインで更新する方法である*。たとえば自動車は、リコール時に整備工場で専門家が更新作業を行う。しかし、デバイス数が増えた場合は大きなコストとなる他に、整備工場は信用できるのか、整備工場に攻撃者が侵入してプログラムを改竄したり不正プログラムを注入することはないのかなどの新たな問題も惹起される。

　中間的な方法として、管理者がサーバー PC に更新プログラムをダウンロードし、そこからローカルネットワーク内の IoT デバイスに更新プログラムを配信する方法がある。証明書によるダウンロードサーバーの真正性は

---

* 電気自動車で有名な米国の Tesla は、オンラインでのプログラムアップデートにより機能追加を行っている。

サーバーPCが行えるので、デバイス側の負担を減らすことができる。この
ように、人間が介在することで安全性は高まると期待できるが、ユーザーや
管理者がアップデートに無関心な場合はアップデートされないで脆弱性が残
るデバイスが放置されることになる。

7.7　CSIRTとPSIRT

　企業などの組織がサイバー攻撃の脅威から組織を守るために、CSIRT
（Cyber Security Incident Response Team）を設置することが有効とされて
いる。運用面でのCSIRTの役割は、大きく分けて予防、緊急措置、改善措
置である。すなわち、①組織に対するサイバー攻撃の予兆を検知する、②サ
イバーセキュリティ・インシデントが発生した場合に影響が広まらない措置
を取る、③攻撃が成立した原因を究明し、対抗策を講ずるということであ
る。そのためには日頃から、組織内の情報システムの構造を把握する、セ
キュリティ対策が守られているかを監視する、世界のインシデント発生状況
を把握する、インシデント発生時に取るべき措置を検討しておくなどを情報
システムの管理部署と協調して準備しておく必要がある。

　IoTにおいても同様に、セキュリティ・インシデントに備えておく必要が
ある。組織がIoTシステムのユーザーであり、IoTシステムを組織管理して
いるのであれば、CSIRTとほぼ同じ方法が適用できる。しかし、IoTのセ
キュリティは、そのユーザーよりもIoTシステムの設計・開発者の責任が重
いので、IoTシステムを販売した組織が、自分の組織外に設置されたIoTデ
バイスやIoTネットワークのセキュリティを守らなければならない点が大き
く異なる。たとえば、隔離しておくべきネットワークの隔離が不十分だっ
た、標的型攻撃を受けた、あるユーザーのパスワードがクラックされて侵入
を受けた、USBメモリから個人情報が漏洩したなどは組織の管理の問題で
あって、CSIRTが対応すべき問題である。一方、企業が販売したIoTデバ
イスが平文で暗号鍵を交換していた、IoTデバイス中のあるソフトウェアコ

ンポーネントに脆弱性が発見されたというような場合は、そのIoTシステム
のユーザーではなく、製造者が対処すべき問題である。このような組織が製
造・販売したIoTシステムが、その組織の外部で引き起こすセキュリティ問
題に対応するためのチームをPSIRT（Product Security Incident Response
Team）と呼ぶ。つながる世界の開発指針15-17に関係が深い。

7.8 PSIRT の役割

　PSIRTについては、各組織のCSIRTが情報交流をする機関であるFIRST
（Forum of Incident Response and Security Teams）が、PSIRTがどのよう
なサービスを提供すべきかのフレームワークを公表している。国内では、
Software ISACとJPCERT/CCがその翻訳を公表している[24]。この文書
は、PSIRTが扱うべき事項として、①関係者の把握と管理、②脆弱性発見、
③トリアージ、④インシデント対処法、⑤情報公開、⑥組織員の教育の6つ
を解説している。

①関係者の把握と管理
　株主、経営者、設計部署、製造現場、CSIRTや情報システム管理部署な
どが関係者（ステークホルダ）としてまず列挙されるが、その他に製品に組
み込まれるコンポーネントの供給者、コンポーネントの流通ルート、製品の
販売ルートを把握しておく必要がある。さらに、同業者、想定されるユー
ザー、攻撃を行う可能性のある攻撃者、また脆弱性情報の提供者・共有者に
も配慮する必要がある。後々、ユーザーと連絡がとれるようユーザー登録を
促すべきだが、譲渡・転売もあるので、完全な把握は期待できない。ソフト
ウェアコンポーネントに関しては、IoTではオープンソースソフトウェアを
使う機会が多いと思われるので、ソフトウェア開発コミュニティまで広く視
野に入れる必要がある。

②脆弱性発見

　IoTデバイスに含まれる脆弱性は、設計・開発時に十分に吟味し取り除いておくべきであるが、問題の性質上、出荷後に発見される脆弱性がある。したがって、出荷後も組織内で脆弱性発見に努めなければならない。新たな攻撃が日々編み出されるのと同様、脆弱性検査ツールも機能を増強しているので、新たなツールの採用も有効である。脆弱性情報については、国内では、JVN iPediaが使いやすいデータベースを公開しており、1日に数十の脆弱性が追加されている。このほかにも、**表7-3**に掲げるような機関が各種の脆弱性、セキュリティ関連情報を発信している。

　図7-2、**図7-3**に示すように、脆弱性が公表されると、数日で攻撃が激化することも観測されている。脆弱性情報には、攻撃の方法も記載されているので、攻撃者は穴がふさがれる前に急いで攻撃コードを作成し、攻撃を仕掛

表7-3　セキュリティ情報の入手源

国内	JPCERT/CC	脆弱性対策情報ポータルサイト（JVN） 同データベース（JVN iPedia）
	JNSA（日本ネットワークセキュリティ協会）	情報セキュリティインシデント調査報告書
	＊ISAC（Information Sharing and Analysis Center）	金融、放送、通信、電力などの業界ごとのセキュリティインシデント、脅威及び脆弱性情報の共有 共有、会員同士の情報交換などを行っている
	IPA 情報セキュリティ白書	有識者により各年に発生した最も重大な脅威を公表し、警戒を促している、毎年、十大脅威を選定
国際	学会 Top Cyber Securiy Conference Ranking（2018）	コンピュータセキュリティの国際会議では最先端の攻撃事例や対策方法が発表される。Blackhat、DEFCONが著名
	MITRE、NVD	CVE脆弱性情報データベース
	Cyber Threat Alliance Verizon、Symantec、Trend Micro、IBM、UBUNTU	米国のセキュリティ企業また関連組織、情報セキュリティに関するホワイトペーパーを公表
	SecurityFocus（Symantec）	Bugtraq
	Shodan	世界中のIPアドレスをスキャンして脆弱性を検出

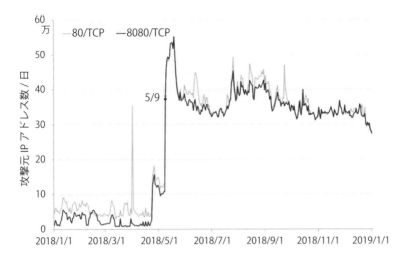

図7-2 2018年5月3日、DASAN社のルーターの脆弱性公表、その1週間後に攻撃が増加。

（出典：情報通信研究機構「NICTER観測レポート2018」）

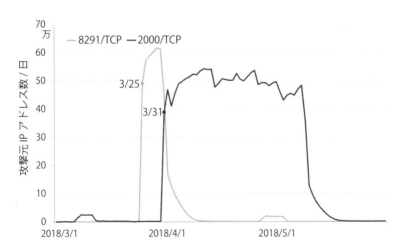

図7-3 2018年3月12日、Mikro Tik社のルーターの脆弱性が公開された。
2週間後に仮想通貨のマイニングに使う攻撃が始まった。

（出典：情報通信研究機構「NICTER観測レポート2018」）

けてくる。まるで、攻撃者を利するような脆弱性の公表をなぜ行うのだろう
か？

　実は、脆弱性が公表されるのは、その装置やソフトウェアコンポーネント
の作成者が、攻撃への対策、対処法を措置した後である。日本では、脆弱性
情報が発見された場合、IPA、JPCERT/CC、あるいは警察に届けることに
なっており、その情報はこの三者で共有されることになっている。これらの
機関は、装置やコンポーネントの開発者に脆弱性があることを通知し、対策
を促す。そして、対策が終わったとの連絡を受けた後、データベースに記録
されて公表される。すなわち、脆弱性が公表される以前に、対処法（多くは
ソフトウェアのセキュリティ更新）がわかっているのである[*]。したがっ
て、IoT デバイスの製造者は、公表前に脆弱性情報を得ている可能性が高
い。問題は、この対策を世界に広がったすべてのデバイスに適用する方法で
ある。攻撃者は、対策が普及するまでの空白の期間を狙って急いで攻撃を仕
掛ける。

　脆弱性の発見は、①に述べたように多くの関係者の協力を得なければなら
ない。PSIRT サービスフレームワークは、セキュリティ研究者、学会、一
般のセキュリティ愛好家の存在を強調している。問題の沈静化は、攻撃者よ
りいかに早く脆弱性情報を入手するかにかかっている。専門家の力を借りる
ために、日頃からこれらのステークホルダとの交流を深め、たとえば、学会
で問題が公表される前に、その著者たるセキュリティ研究者から情報を入手
するチャネルを築いておくことを勧めている。

　また、公的機関に属さないセキュリティ愛好家が、脆弱性を善意で通知し
てくれることがある。そこで、いらぬ問題を見つけてくれたと適当にあし
らっていると、彼らは秘密のチャネルで攻撃者に情報を提供してしまうかも
しれない。むしろ、バグバウンティ[**]を使って、問題を発見したら攻撃者

---

[*]　　脆弱性情報取扱い機関は、開発者が対策を講じない場合、一定期間をおいて公表に踏み
　　　切る場合がある。
[**]　脆弱性やソフトウェアの問題を見つけて報告してくれた相手に、一定の報酬を支払う制
　　　度。bug bounty。bounty とは報奨金。

に通報するより製造者に知らせた方が得になるような措置を講ずべきとする考え方もある。一般からの脆弱性通報は、丁寧、慎重に扱う必要がある。

　脆弱性情報は毎日数十件程度の登録があり、非常に多いが、自社の製品と全く関係ない案件がほとんどなので、すべてを子細に検討することは非効率である。共通の問題を抱える業界は、業界ごとに情報交換する場としてISAC（Information Sharing and Analysis Center：情報共有・分析センター、アイザックと発音）を設けている。米国では、NC-ISACS（National Council of ISACs）という上部機関がISACをまとめている。そのリストによると、防衛、情報通信、自動車、水、石油・ガス、医療、金融、航空、海事など主に重要インフラに関わる機関がISACを構成している。国内では、ICT（旧Telecom）、電力、金融などがISACを構成しているほか、各業界の連携機関が類似の役割を果たしている。

③トリアージ

　セキュリティや脆弱性の問題は、複合的に絡み合い、また連鎖的に進行することがある。たとえば、ポートスキャンを見逃していたために空きポートを見つけられ、パスワードが弱かったために侵入を許し、プログラムの権限設定が緩かったためにルートへの昇格を許し、プログラムの挙動を解析され、侵入の形跡が消去され、機器が誤動作したという場合、結果として見えるのは誤動作だけだが、誤動作に対策しただけでは問題は解決しないだろう。対策のためには、事象の解析、応急措置と長期的対策などの適切な優先度付けが必要である。もっとマクロには、責任者の追求、問題の解明、装置の縮退運転、他のデバイスへの感染の防止などを行う必要があるが、どれを優先すべきだろうか？　このような優先度付けを医療救護の手順にならってトリアージと呼ぶ。トリアージは、セキュリティインシデントが起こった後に手順を考えるのでは間に合わない。しかし、すべてのインシデントを予測することもできないので、事態に合わせた対処も必要である。優先度付けの原則はあらかじめ定め、詳細は、事態が発生した場合に、「誰がどのように決め」て指示を出すのかを定め、文書化しておく。社内では、「そんな指示に従ったら売り上げが落ちるじゃないか！」という怒号が上がるかもしれな

い。従って、PSIRT のリーダーは、経営陣の一員として各部署とあらかじめ調整し、緊急時に号令する方法と権限を取り決めておく。

④インシデント対処法

実際にインシデントが発生したら、前記のトリアージにそって手順を踏む。まず、インシデントの報告は、お客様窓口、IPA、JP-CERT、警察、②で挙げた ISAC などからもたらされるだろう。PSIRT チームと経営陣で素早く情報共有がなされなければならない。

社内の閉鎖環境で再現実験を行い、再現が難しければ現場に急行して証拠を保全する、IPA などへの報告と広報の依頼、専門家に解析を依頼する、危険を避ける緊急措置や蔓延を防止する方法を決めてユーザーに通知あるいは広報する、必要ならば製品の回収、そして製品設計へのフィードバックなどを実行する。

短時間で実行する必要があるので、インシデントが発生してからそのやり方を検討するのでは間に合わない。手順や責任者、要因の動員方法などをあらかじめ決めておく。小さなソフトウェアのバグだと思っていたことが、社会への謝罪を余儀なくされ、組織の信用失墜にエスカレートする可能性もある。そのため、PSIRT は、経営陣とも意識を共有することが必要である。

⑤情報公開

脆弱性が発見されたり、インシデントの発生があったりした場合に対策を講ずるのは当然である。しかし、IoT のユーザーは組織の外にいるので、その安全を守るためには、外部に向けて問題を通知しなければならない。問題を秘匿しようとする姿勢は、ユーザーの安全を無視しているとも受け取られるので、社会の反感を買うことがある。しかし、問題の真相が全く見通せない状況で問題を公表することは、新たな攻撃を呼び込む可能性もある。ここには経営的判断が必要であるが、応急措置を講じたらなるべく早期に公表すべきであろう。

⑥教育

ISMS 認証を取得している機関では、社員に対してサイバーセキュリティの研修が行われている。リスクとして、PC、クラウド、ネットワークのよ

うな IT 機器からの情報漏洩が問題視される。PSIRT においては、IoT デバイスがインターネットに接続するようになると PC と同レベルのセキュリティ侵害が発生しうること、それどころか PC に比べてセキュリティ対策が遅れているので問題はより発生しやすいこと、問題は、情報漏洩よりも機器の乗っ取り、なりすましから、誤動作、停止、そして生命の安全にもつながることを認識しなければならない。

　教育の主な対象者は設計・開発者だが、IoT システムを売るセールス担当もリスクを知って販売しなければならない。コンポーネントの調達担当者は、問題が起こった場合に源流までたどって協力を得られるようにしておかなければならない。経営者やマネージャは、製品に何が組み込まれていてどういう潜在的リスクを内包しているか、どのような基準やルールで脆弱性やインシデントを扱うかを検討し、外部の機関とも情報を共有しなければならない。IoT セキュリティは、影響を及ぼす範囲が広く、一担当だけでの対策が困難なので、PSIRT だけが関知するのではなく、組織の全員が関わる問題として教育をしておくべきである。

　さらに、教育と呼ぶのは適当ではないが、ユーザーにも IoT 製品の抱えるセキュリティリスクを知らせ、万一の場合に対応してもらえるようにする。初期パスワードの設定、アップデートの方法、サイバーセキュリティ問題を疑うべき状況、ログの保全やネットワークの切断の方法、サポート期間の制限、中古での譲渡の規約、廃棄の方法、など、IoT のライフサイクルに渡る注意事項を知ってもらう。ユーザーには事後の通知が届けられるように登録をしてもらうべきであろう。今後、製品が廃版になったり、企業が統廃合あるいは倒産した場合、IoT のセキュリティを維持する責任は誰にあるのだろうか。将来、大きな問題になるかも知れない。

　CSIRT が、外部と対峙して組織内を守ろうとするのに対し、PSIRT には、法的には毅然としたコンプライアンスと共に一般社会と宥和する態度が必要である。セキュリティは、CO_2 削減、生態系保存、環境保護などと同様、個々の力だけでは守れないが、個々の力を合わせれば対処できる可能性

のある問題であり、また企業などの社会的責任が問われる問題でもある。

　Mirai マルウェアは、IoT デバイスに取り付くと、次々に感染を広げる行動をとるが、米軍と NSA の IP アドレスだけは避けていた。その意図は不明だが、正義を突き詰め悪事を暴く姿に恐れをなしていたと考えられないだろうか。セキュリティや安全への関心が高い企業・組織という評判は、攻撃を回避できる価値に育っていくだろう。

7.9　サプライチェーン

　2019 年に、不穏な機能が埋め込まれているとの疑念によって、米国市場から Huawei などの中国 IT 企業が締め出された。携帯電話の基地局やスマートフォンに、スパイ機能が入っているとの疑いである。2012 年頃には、中国製のネットワーク機器にも同種の嫌疑がかけられた。ベンダーは、機器のヘルスチェックやファームウェアアップデートのための遠隔制御機能であると説明したが、欧米の政府調達から締め出された経緯がある。また、国連制裁違反の疑念があるとして、日本の経済産業省が戦略物資 3 品目の韓国への輸出管理を強化したところ、韓国は、問題を安全保障に絡める対応を取った。中国は、世界の半導体の約半分を輸入しており、Huawei の製品にも Qualcomm など多くの米国製半導体が使われている。日本は、韓国に素材や製造装置を輸出し、韓国製半導体を輸入している。このように、持ちつ持たれつの関係があるので、サプライチェーンのどこかにセキュリティリスクが生じると、産業と社会が広く影響を受けることを意識する 1 年となった。

　IoT デバイスには多くのコンポーネントが組み込まれるので、すべてを 1 社で製造することは考えられず、そのセキュリティ上のリスクはサプライチェーン中にも存在する。セキュリティ上のリスクとは主に脆弱性であるが、トロイの木馬のようなバックドアやスパイ機能、また特許権や著作権などの知的財産権や営業秘密にも広がる。リスクの担い手は、主に半導体チップとファームウェアのコンポーネントである。

　半導体チップ、特にマイクロコントローラを構成するCPU、メモリ、I/O
の要素のうち、セキュリティの懸念が生じるのは、I/O、特にネットワーク
に関わる部分だろう。IoTデバイスが収集する情報を外部に通信するために
必ず使用する部分だからだ。

　半導体チップは、半導体ベンダーが設計するカタログ製品と、ユーザーが
設計しファブに製造を委託するASICがある。この二つのうち、ASICのほ
うがリスクは高い。ASICには、設計した機能以外のスパイ機能などが作り
込まれるリスクがあるからだ。また、その設計が窃取される危険もある。
Huaweiは、半導体のベンダーでありユーザーでもあるので、もし何か余分
な機能が作り込まれたとしても、第三者がそれを調べるのは非常に難しい。
逆に、セキュアなデバイスであることを証明するには、何の製造を委託した
のか、設計情報が開示できることが望ましい。しかし、ASICの設計情報
は、高度の機密情報である。

　半導体チップにはカタログ製品を使うとしても、ファームウェアコンポー
ネントには何らかのカスタマイズを加えるだろう。ファームウェアコンポー
ネントは多数からなる上に、オープンソースソフトウェアを含む。外部から
調達するファームウェアコンポーネントは素性がわからないので危険であ
り、内部で開発するのが良いとする考えは正しいように思われるが、外部の
オープンソースプログラマと社内のプログラマのどちらがセキュリティの知
識が豊富か、どちらがより信用できるかはわからない。歴史のあるコンポー
ネントであればオープンソースの方が高信頼であろうし、コストダウンのた
めにも有用であるので、むしろ、外部から調達するコンポーネントをいかに
うまく活用するかを考えるべきであろう。

　外部から調達する、特にオープンソースに依拠するファームウェアコン
ポーネントを採用、改良するに当たっては、そのライセンスを調査し、どこ
で誰が開発し、どのような経緯で今に至ったかを理解しておくべきである。
たとえオープンソースといえども、匿名のコンポーネントは避けるべきであ
る。悪意のある作者が、自分の作ったマルウェアをソフトウェアコンポーネ
ントに忍ばせるなら、匿名にするからだ。

　そのコンポーネントの作者だけでなく、どこで誰が使用しているかも調べるとよい。その評価が入手できる可能性もある。また、特殊なコンポーネントより、一般的なコンポーネントを採用するほうがよい。多くのコンパイラでコンパイルされた一般的なコンポーネントの方が、脆弱性や不具合が取り除かれていると推測できるためだ。使用する際は、ソースコードを一通りレビューし、セキュアコーディングにしたがっているか、またコメントやドキュメントが整っているかを調べる。さらに、NVD などの脆弱性データベースを使って、コンポーネントに関する脆弱性情報を調査する。オープンソースコンポーネントのプロバイダは、これらの調査や評価をしてくれないので、内部の人材で実施する必要がある。すなわち、オープンソースコンポーネントの採用では、自社がサプライヤとなって、顧客にコンポーネントを提供するときに行うのと同レベルの調査・評価をする必要があるということだ。同種のコンポーネントを使い続けていれば、その調査・評価のコストは次第に下がるだろう。

　重要な視点は、市場に出した製品がセキュリティインシデントを引き起こした場合に、その原因を素早く見つけ出し、対策を打てるようにしておくことである。現場からは、インシデントがどのコンポーネントで発生しているかの情報が上がってくるだろう。PSIRT チームは、組込まれたコンポーネントの目録から、それをどこの誰が開発したかを調べ、必要なら対策を依頼する必要がある。このように、コンポーネントのトレーサビリティを確保しておくことは、サプライチェーンのリスクを低減するために重要な対策となる。

第8章

IoTセキュリティの認証規格

　表8-1の「つながる世界の開発指針」の9〜12の指針に示される不特定の機器と接続に関連して、標準規格に則ることによって相互接続性を維持し、他のIoTサービスと協調する方法について述べる。

表8-1　IoTセキュリティの認証・規格に関連するつながる世界の開発指針

		8	個々でも全体でも守れる設計をする
設計	守るべきものを守る設計を考える	9	つながる相手に迷惑をかけない設計をする
		10	安全安心を実現する設計の整合性をとる
		11	不特定の相手とつないでも安全を確保できる設計
		12	安全安心を実現する設計の検証、評価を行う

8.1 国際標準

　我々は自由な社会に住んでいるが、法律や倫理によって活動を制約される。しかし、多少の自由を捨てて、みんなで合意した制約を守れば、人々はより幸福に暮らすことができる。

　技術の世界では、法律と倫理の間の中間的な制約として、規格や標準が重要視される。合意を形成するためには、国際的な標準機関や、フォーラムを使う。標準や規格には、公正な競争を促すこと、市場の健全な拡大を目指すこと、技術開発や製造の効率化、そして安全と公共の福祉という大きな目的がある。国内では、産業標準化法に基づくJIS制度が施行されている*。

　グローバル化に伴い、技術の国際化が進展し、国内の独自規格よりもISO、IEC、ITUなどが定める国際標準規格が尊重されるように変わってきている。法律的には、国内法によってしか国内の産物は縛られないが、WTO/TBT協定によって、日本国内でも国際規格を遵守すると約束している。これは、国別のローカルルールで無用な貿易障害が起こらないことを目

＊　2019年に産業標準化法が改正され、データ・サービスへの標準化の適用が拡大されたことで、日本工業規格（JIS）は、日本産業規格（JIS）と改称された。

的とした協定である。標準規格化すべき事項として、計量の単位や試験の方法、互換性や相互接続性、品質や安全性、マネジメントシステムがある。

　標準規格には、法的制約を受けるデジュール標準の他に、フォーラム（コンソーシアム）標準や、デファクト標準がある。それぞれに、強制規格（Technical Regulations）、任意規格（Standards）、適合性評価手続（Conformity Assessment Procedures）がある。

8.2　国際標準機関と認証制度

　JIS案は、経済産業省の日本産業標準調査会（JISC）あるいは専門家からなる認定産業標準作成機関で審議され、主務大臣が制定する。主務大臣はJISを所掌する経済産業大臣とは限らず、たとえば労働安全衛生マネジメントのJIS規格は、厚生労働大臣が制定している。JISと同等の国内標準としては、米国のANSI、ドイツのDINなどが有名である。

　国際標準は、ISO（国際標準化機構）が定める標準の他に、IEC（国際電気標準会議）、ITU-T（国際電気通信連合電気通信標準化部門）などが定める。IECは電気技術分野、ITU-Tは通信分野、ISOはそれ以外の全分野を担当する。情報技術に関しては、ISOとIECが分かれて活動していたが、1982年にISO/IEC JTC1（Joint Technical Committee）が設立され、審議されることとなった。JTC-1には、約20のSC（Subcommittee）が活動中であり、最も歴史あるSCは、SC2の符号化文字集合である。その産物は、ASCIIコードやUTF-8文字符号化形式であるが、文字コードの統一がなければすべての情報処理活動が停止してしまうことから重要性がわかるだろう。

　ISO/IECは、提案数を絞るため、国内で標準化された規格案を国際提案するように求めることがある。一方、JISは、ISO規格をほぼ無条件に国内規格に翻訳して用い、JIS番号もISO番号に合わせることがある。WTOやTPPの規約では、国際規格に適合しない製品の政府調達を制限することがある。一方で、技適（4.1節参照）のように、国内の電波利用規格に適合し

ない物品の輸入・販売を禁ずることがある。

　制定された国内・国際規格によっては、製品などに正しく適用されている
かを第三者が検証する認証制度が設けられることがある。認証には、医師免
許や運転免許、車検や建築基準のように強い法的制約を課す場合と、制約の
ない適合性評価試験がある。また、製品の一つ一つが基準を満たしているこ
とを認証する製品認証と、設計・開発・製造のプロセスが基準を満たしてい
れば、そこで生産される製品のすべてが認証を合格したことにするプロセス
認証がある。多くの製品にとって、セキュリティは通常の動作に現れにくい
非機能要件であり、製品が本当にセキュアなのかどうかは、使ってもわから
ないことが多い。企業や市民が、安心してIoTサービスを使えるよう、その
セキュリティを国際規格に則って公的機関が認証する制度が求められる。

　表8-2にJTC-1内のSCの一覧を示す。この中でIoTセキュリティについ
て注目すべきは、SC27のセキュリティ技術とSC41のIoTと関連技術であ
る。SC41は、WG7のセンサネットワークとWG10のモノのインターネット
が合併して2017年に設立された。SC41は、2018年にISO/IEC 30141のIoT
参照アーキテクチャを標準化している。現在、さまざまなIoTデバイスの相
互運用性に関する議論が行われている。IoTは、製造、計測、医療、サービ
スなど広範囲の他技術と結びつく情報技術であるため、多数の規格の提案
ラッシュになっている。特に中国は、多数の提案を行っている。

8.3　IoT関連の認証規格

　IoTだけに適用される国際的認証制度はまだないが、すでに実施されてい
るIoTに関わりの深い認証制度として、IEC62443に基づくCSMSおよび
EDSA認証、ISO/IEC15408に基づくCommon Criteria（CC）認証がある。
国内では、重要生活機器連携セキュリティ協議会（CCDS）が、2019年11
月にIoT向けの認証事業を開始している。その他、関連しそうな標準は以下
の通りである。

表8-2 JTC-1に設置された標準化委員会

組織名	作業領域	英語表記
SC 2	符号化文字集合	Coded character sets
SC 6	通信とシステム間の情報交換	Telecommunications and information exchange between systems
SC 7	ソフトウェア技術	Software and systems engineering
SC 17	カードおよび個人識別用のセキュリティデバイス	Cards and security devices for personal identification
SC 22	プログラム言語、その環境およびシステムソフトウェアインタフェース	Programming languages, their environments and system software interfaces
SC 23	情報交換用光ディスクカートリッジ	Digitally Recorded Media for Information Interchange and Storage
SC 24	コンピュータグラフィクスおよびイメージ処理	Computer graphics, image processing and environmental data representation
SC 25	情報機器間の相互接続	Interconnection of information technology equipment
SC 27	情報セキュリティ、サイバーセキュリティおよびプライバシーの保護	Information security, cybersecurity and privacy protection
SC 28	オフィス機器	Office equipment
SC 29	音声、画像、マルチメディア、ハイパーメディア情報符号化	Coding of audio, picture, multimedia and hypermedia information
SC 31	自動認識およびデータ取得技術	Automatic identification and data capture techniques
SC 32	データ管理および交換	Data management and interchange
SC 34	文書の記述と処理の言語	Document description and processing languages
SC 35	ユーザインタフェース	User interfaces
SC 36	学習、教育、研修のための情報技術	Information technology for learning, education and training
SC 37	バイオメトリクス	Biometrics
SC 38	クラウドコンピューティング	Cloud Computing and Distributed Platforms
SC 39	サスティナビリティ、ITおよびデータセンター	Sustainability, IT & Data Centres
SC 40	ITサービスマネジメントとガバナンス	IT Service Management and IT Governance
SC 41	IoTと関連技術	Internet of Things and related technologies
SC 42	人工知能	Artificial Intelligence

- ISO 31000 リスクマネジメント（2009）
- IEC 61508 基本安全規格、機能安全（2000）
  - ◆ISO 26262 自動車電気電子機器の機能安全（2011）
  - ◆IEC 62304 医療用ソフトウェアの安全規格（2010）
- ISO/IEC 27001 ISMS（Information Security Management System）（2001）
- IEC 62443　産業自動化と制御システム
  - ◆CSMS 認証、EDSA 認証（2013）
- ISO/IEC 15408 セキュリティの評価基準
  - ◆Common Criteria　CC 認証（1999）
- FIPS 140-2　暗号モジュール評価（2001）
- ISO/IEC 29100 プライバシーフレームワーク（2011）
- IoT セキュリティガイドライン（国内 2016、SC41 では策定中）

8.4　CSMSおよびEDSA認証

　IEC62443 は産業自動化と制御システムの規格であり、第 3 章で扱った重要インフラや工場などの制御システム用のネットワークや PLC のセキュリティと関係する。IEC62443 は、**図8-1**に示すように 4 つのセクションに分かれており、2 のポリシー・手順に関する部分は、CSMS（Cyber Security Management System）認証の元になっており、4 のデバイス・製品には EDSA（Embedded Device Security Assurance）認証が対応する。

　CSMS は、組織のセキュリティを認証する ISMS に対応して、工場・制御システムを運用する組織向けの認証制度である。基本方針から実施手順に至る 3 階層の文書化を行うこと、経営幹部がコミットすること、守るべき情報資産を識別し、機密性・完全性・可用性の観点からリスクアセスメントを行うことなど、両者には共通点も多い。違いは、対象が制御システムに限定されること、リスクが安全・環境・健康に及ぶこと、機器類の脆弱性アセスメ

全般		ポリシー・手順		システム		デバイス・製品	
1-1	用語、概念、モデル	2-1	産業自動制御システム (IACS) のセキュリティ管理計画の要件	3-1	IACS のセキュリティ技術	4-1	セキュアな製品の開発ライフサイクル要件
1-2	主要用語・略語集	2-2	IACS セキュリティ管理システムの実装要領	3-2	セキュリティリスク評価とシステム設計	4-2	IACS 機器に対する技術的セキュリティ要件
1-3	システムセキュリティ適合度	2-3	IACS 環境内のパッチ管理	3-3	システムセキュリティ要件とセキュリティレベル		
1-4	IACS セキュリティのライフサイクルとユースケース	2-4	IACS サービス提供者のセキュリティプログラム要件				

EDSA（Embedded Device Security Assurance）認証

CSMS（Cyber Security Management System）認証

図8-1　IEC62443の4つのセクションとCSMS認証、EDSA認証の範囲

ントを行うことなどにある。また、ISMSは、組織員が研修を受けることとしているが、CSMSは、機器を用いたセキュリティ手順の訓練プログラムを設計、導入することを求めている。IPAによると、CSMSが求める126の要件のうちの100件がISMSと共通であり、CSMSに固有の要件は26件となっている。日本では一般財団法人日本品質保証機構（JQA）およびBSIグループジャパン株式会社が認証機関となっている[25]。

　CSMSがマネジメント・プロセスの認証であるのに対し、EDSAは製品の技術的なセキュリティを検査する、装置ベンダ向けの認証である。もともとは、標準策定を目的としたISA（International Society of Automation：国際自動化学会）が行っていたISA Secure認証の一部が62443に取り込まれ、EDSA認証になった。日本では、震災復興事業の1つとして宮城県多賀城市に設立されたCSSC（Control System Security Center）の認証ラボが認証業務を行っている。

　EDSA認証は、ソフトウェア開発セキュリティ評価（SDSA）、機能セキュリティ評価（FSA）、通信頑健性試験（CRT）の3つの評価・試験を行う。SDSAは、PLCなどの制御システム製品のソフトウェア開発とメンテナンス

の各プロセスが、決められたルールを守って行われているかを開発ドキュメントやレビュー記録を見て評価する。FSAは、パスワード認証の文字数が一定以上であるか、アクセス制御が行われるか、ログが残されているかなどのセキュリティ要件が製品に組み込まれているかを評価する。CRTは、販売される製品がネットワークからの不正なパケットによって誤動作しないかを、認定された検査ツールを用いたファジングテストなどによって試験する。EDSA認証は、重要インフラの構成要素、すなわち産業用のIoTデバイスの輸出などにとって必須な要件になりつつある。

8.5　コモンクライテリア（CC）認証

　CCは、情報技術を用いたシステムのセキュリティの基準である[26][27]。対象となるのは、情報システムのハードウェア、ファームウェア、ソフトウェア、システムなどで、オペレーティングシステムやデータベースマネジメントシステムなどを含み、保護すべき資産を保有する製品はすべて対象となる。これはIoTを意識した基準ではないが、IoTデバイスにも適用できる。
　このようにCCがカバーする領域は非常に広いので、図8-2に示すように、個別の製品群ごとにプロテクションプロファイル（PP）と呼ぶセキュリティの基準が作られる。製品ベンダーは、PPの基準を満たすように特定の製品のセキュリティターゲット（ST）を文書化する。そのセキュリティ要件には、通信、暗号、データ保護、識別と認証、セキュリティ管理、プライバシーなどが含まれる。開発される製品（TOE：Target of Evaluation）は、仕様書と共に、CC認証規格が定める評価手法に従って評価を受け、PPのレベルによって表に示すEAL（Evaluation Assurance Level)1〜7の7レベル（さらに＋が付くことがある）に認証される（表8-3）。
　CC認証を動かすには、PPを作成し、それを規格として認定する必要がある。これまでに、アクセス制御装置、ファイアウォール、データベース、IC・スマートカードや読み取り装置、鍵管理装置、モバイルデバイス（携

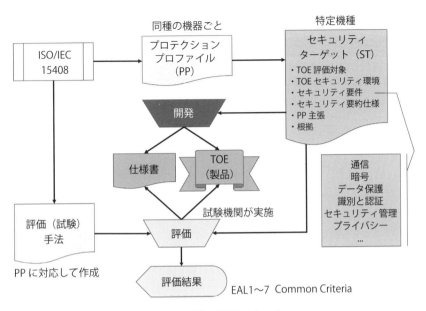

図8-2 CCの認証スキーム

帯電話）、プリンタ、VPN、オペレーティングシステム、VoIP、電子署名、指紋認証装置、その他多数のPPが作成されている。現在公開されているEALは、1から5までのいずれかであり、最高は5＋である。PPの作成数を国別に見ると、ドイツ、フランスが非常に多く、米国、日本、韓国、カナダなども保有している。これまでCC認証の対象となっている装置は、上記のようにやはりセキュリティが重視される製品である。Miraiマルウェアのターゲットとされた監視カメラやホームルーターなどが認証をとっていたとすれば、あのような惨事になることはなかったであろう。

　今後の高度のセキュリティを備えたIoTデバイス開発では、CC認証を活用するべきであろう。活用とは、IoTデバイスベンダーがCC認証を通すことだけではなく、IoTユーザーがCC認証を取っているデバイスだけを調達、購入することを意味する。残念ながら、日本国内では認証を見て安全性を判断する文化がまだ育っていない。ドイツ、フランスが多くのPPを開発しているのは、欧州には高い認証文化が育っているからと推測される。

表8-3　評価保証レベル（EAL1〜7）

レベル	評価の概要	適用領域
EAL7 （最高）	サブシステムレベルまでの設計の形式的表現（フォーマルメソッド）、開発者による分析・テストのすべてを評価者が確認	軍用
EAL6	モジュールレベルまでの設計が、半形式的表現。非常に高度の攻撃に対抗	
EAL5	実装表現レベルのセキュリティ機能を全て確認、サブシステムレベルまでの設計が半形式的表現、隠れチャネル分析、高度の攻撃に対抗	商用 最高レベル
EAL4	モジュールレベルまで確認、実装表現レベル（たとえばソースコード）の部分的確認。普通程度の攻撃に対抗できる	商用高レベル
EAL3	サブシステムレベルまでの開発者テスト結果の確認、構成管理システム使用の確認、開発環境の確認、開発者による誤使用分析	不特定 ユーザー
EAL2	サブシステムレベルまでのセキュリティ機能設計の確認、構成管理の確認、開発者による機能強度・脆弱性分析、評価者による侵入テスト	限定ユーザー
EAL1	セキュリティ機能仕様、マニュアルの確認、評価者によるテスト	閉じた環境

　しかし、安価なIoTデバイスにとって、CC認証は重すぎる（高コスト）との批判もある。8.3節の冒頭に述べたCCDSの認証が注目される。

8.6　脆弱性検査

　情報システムがセキュリティ的に安全であるためには、脆弱性が含まれないことが重要である。脆弱性の有無を調べるには、ハードウェアやソフトウェアの構成を設計図やソースコードを見てレビューする静的解析法と、実際に攻撃に準じた状況に晒してみて挙動を観測する動的解析法がある。

　EDSA認証の節で述べたように、認証には、静的解析と動的解析の両方が必要である。前者をクリアするセキュアなシステム開発には、たとえばセキュアプログラミングなどの作法が有効とされるが、ここでは後者の動的解析を実施するための脆弱性検査ツールについて記す。

　現在使われているほとんどの脆弱性検査ツールは、ネットワーク機能の試験を行う。その理由は、情報システムへの不正アクセスや侵入のためのエントリポイントとしては、Wi-FiやEthernetなどのネットワークが最もポピュラーかつ危険だからである。ネットワークの解析に用いる予備的なツールとしては、ネットワークTCP/IPのポートの開放状況を調べるWireshark、tcpdump、nmapなどのツールが使われる。Wi-Fiについては、aircrack-ngなどがSSIDの発見などに使われる。こうして、ターゲットとなるホストへの入り口が特定される。ターゲットが定まると、脆弱性検査ツールを起動するが、脆弱性検査ツールには、大きく3種類がある。脆弱性スキャナ、ペネトレーションテストツール、そしてファジングツールである。

　脆弱性スキャナは、既知の脆弱性をターゲットの中に探す。第7章で解説したように、既知の脆弱性は、データベース化されている。脆弱性データベースは、米国NISTが管理するNVD（National Vulnerability Database）、OSVDB（Open Source Vulnerability Database）、MITRE社、また国内では、7章で紹介したJVN iPediaやJVN（Japan Vulnerability Notes）がよく整備されている。脆弱性検査ツールは、これらを独自の形式に変換して使っていると思われる。これらに記載された個々の脆弱性には、POC（Proof of Cencept）と呼ばれる簡単な攻撃コードも同時に公開されており、脆弱性検査ツールは、これらの情報を使って、ターゲットデバイスが既知の脆弱性を抱えていないかを検査する。具体的なフリーのツールとしては、OpenVAS（Open Vulnerability Assessment System）がある。OpenVASは、Nessusを元にしているが、Nessus自身は有料のツールになっている。

　ペネトレーションテストツールは、複数の脆弱性を組みあわせて、侵入までを試す高度なツールである。また、世の中のインターネットに接続されるホストの多くは、Webサービスを目的としていることから、Web用の脆弱性検査ツールがたくさん開発されている。例として、MetasploitとOWASP-ZAPを挙げておく。OWASP（Open Web Application Security Project）は、その名の通りWebアプリケーションのセキュリティに取り組むオンラインのコミュニティである。

　前の二者が既知の脆弱性を探すのに対し、最後のファジングツールは、未知の脆弱性を探すツールである[28]。ファジングの「fuzz」には2つの意味がある。けば立っていることを意味するのは、ギターのエフェクタのファズと同じであろうが、もう一つ、スラングで警官や刑事という意味がある。ファジングツールというのは、もやもやした状態から犯人を探すことを指しているであろう。

　ファジングツールで行うのは、様々な形式のパケットを投げつけて、ターゲットの挙動を見ることである。たとえばTCP/IPであれば、そのヘッダにはプロトコル番号、ペイロードの長さなどいろいろな整合性を持つべきデータが記述されているが、それらを様々に変化させてみる。それが、エラーとして処理され、次のパケットで回復できればよいが、まれに（筆者の観測ではかなりの確率で）そうならない現象が現れる。すなわち、以後の通信が途絶えてしまうようなケースが現れる。それは単なるバグなのかも知れないが、バグであったとしても、装置の動作を停止させられる強力な攻撃法になる可能性がある。さらに、そのような異常を発生させる条件を複数集めると、内部のプロトコル処理のアルゴリズム、あるいは欠陥が見えてくる可能性がある。これらは、すべて新たな脆弱性発見の糸口となる。

　未知の脆弱性は、膨大なビット列の組み合わせの中に埋もれているので、速くエクスプロイト（exploit）可能な脆弱性に近づけるかどうかは、いかにもっともらしい組み合わせを試せるかどうかの経験とノウハウにかかっている。それは、脆弱性スキャナなどでも同じである。なお、ファジングツールには、やはりフリーソフトと有料ソフトがある。

　このように脆弱性検査ツールは多数あるが、Linuxディストリビューションの1つであるKali LinuxやParrot Securityは、オープンソースのツールを多数搭載しており、情報システムの脆弱性診断が総合的に行える。しかし、残念なことに、特にフリーのツールは、IoTデバイスには使えないケースも多い。その理由は、ほとんどがTCP/IPベースのプロトコルを対象としているからである。たとえば、筆者の知る限りでは、LPWAなどのIoTネットワーク用のツールはない。今後の研究開発が待たれる分野である。

第 9 章

IoTセキュリティの
まとめ

　最後に、従来のITセキュリティと比較しながら、IoTセキュリティの脅威と対策を5点に絞ってまとめる。

9.1　アタックサーフェスの拡大

　アタックサーフェスとは、直訳すれば「攻撃表面」である。機器やシステムへのセキュリティ攻撃の入り口として露出している要素の数や大きさを面積感覚で示そうとする用語である。

　ITからIoTへの転換で起こっているセキュリティ事情の変化は、このアタックサーフェスの拡大と大いに関係がある。IoTデバイス、IoTネットワーク、ハードウェア、RTOS、保守ポートなど、これまでITでは攻撃者が触れられなかった要素が、攻撃部位として晒されている。前章まで、これらの各々に解説を加えてきたが、このアタックサーフェスの拡大は、Webアプリケーションにマルチメディア機能が加わったことや、クラウドストレージが普及するなどのIT世界での変化に比べて、はるかに大きな転換であり、非常にたくさんのセキュリティ問題が一気に発生することになる。情報セキュリティの問題は、攻撃者があの手この手で弱点を探してくるので、問題点が広範囲に広がるのが特徴であるが、IoTは、特に広いアタックサーフェスを対象にする必要がある。IoTセキュリティの対策には、何か一つ、たとえばマルウェア検出ソフトを一つ入れておけば良いというような簡便なレシピは存在せず、問題に応じて広い範囲の対策を講ずる必要がある。

　IoTは、モノがインターネットにつながることなのだから、まず、モノ、すなわちIoTデバイスの保護を検討しなければならない。ITでは、ノートPCが網棚から盗まれるような事件が話題になったおかげで、会社からPCを持ち出すことを禁止したり、PCをシンクライアント（thin client）化して、機密情報はクラウドで保護するような対策を取ったりしている。しかし、IoTデバイスは公共の場所に設置あるいは放置せざるを得ない場合も多いので、そもそも、物理的に盗難されて解析される危険性をはらんでいる。IoT

デバイスに大量の機密情報が保存されることはまずないと推測するが、盗んだデバイスになりすましてシステム全体を誤動作させることができるかもしれない。すなわち、デバイスが他人の手に渡っても、簡単に解析されることがないような、ハードウェアによる信頼の基点（図2-12）を築くことが必要である。

デバイスは盗難のリスクに晒されるが、そこに近づける攻撃者の数はそう多くはない。もう一点のネットワークについては、地球上のどこからでも攻撃者を引きつけることになるのと、攻撃者を特定して捕捉することが難しいので、より頻繁に攻撃を受けると考えられる。Miraiもネットワークから攻撃を仕掛けたが、守る側のパスワードがデフォルトのままであったというのは、あまりにお粗末な状態である。攻撃を受けることを全く想定していなかった、また攻撃されて情報を取られても問題はないと高をくくっていたわけだ。ネットワーク接続が初めてのIoTデバイスは、パスワード以外にもいろいろな脆弱性をはらんでいる可能性がある。

脆弱性がない設計をするのが理想であるが、既存の組込みシステムをネットワーク化するような場合、最低限、ネットワークからの脆弱性検査を実施して、対策を施しておくべきである。また、侵入させない予防策だけでなく、侵入された場合に被害を最小限にとどめる対策を講じておく必要がある。少なくとも、ルーチンタスクはユーザーモードで実行させ、root権限が奪取されないようにする必要がある。セキュアOSによる強制アクセス制御も有効である。外部からのアクセスはすべからくログに履歴を残し、侵入が検知されたらシステムを安全に止めるシーケンスに入る。最悪の事態にだけは陥らないように、多重の防護策を講じておく必要がある。

9.2 信頼の基点

IoTデバイスのセキュリティ保護には、ハードウェアを用いた信頼の基点を築く必要がある。IoTデバイスは、人がユーザーとなってログインして使

うのではなく、監視カメラのように現場の情報を採取してクラウドに送っているデバイスや、自動車のECUのように自動で動いているデバイスも多い。ITでは、ユーザーとサーバーだけがユーザーのログインパスワードを知っていることでセキュリティを守るが、IoTでは、サーバーとクライアント機器（IoTデバイス）の間で暗号鍵を共有することで、相手方が真正な装置やサービスであることを知る。この暗号鍵は、電源を切っても記憶の消えない不揮発メモリに保存しなければならないが、フラッシュメモリにしても、ディスクにしても、機器が攻撃者の手に渡れば、リバースエンジニアリングによって読み出される可能性を想定しなければならない。したがって、IoTデバイスにおける信頼の基点とは、リバースエンジニアリングによっても露出しないように暗号鍵を保全することである。

　メモリをセキュア領域と一般の領域に分けて、セキュア領域へのアクセスを制限する方法には、従来のCPUでもスーパバイザ（カーネル）領域とユーザー領域を分ける方法があった。しかし、脆弱性を通じてルート権限を得て、不可侵領域にまでアクセスする攻撃は多数存在する。また、IoTデバイスでは常にスーパバイザモードで動作している場合も多く、スーパバイザモードだからセキュアであるとは言えない。そこで、IntelはSGX、ARMはTrustZoneと呼ぶ、スーパバイザモードとは別にメモリブロックを隔離する技術を導入した。これらは、ソフトウェア的なバリアを作るので、マルウェアなどからの防御には効果があるが、ハードウェア的な攻撃を想定しなければならないIoTでの信頼の基点にはならない。現状では、TPMあるいはルネサスエレクトロニクスのTSIP、自動車ではEVITAで定める仕組みが信頼の基点となる。その他にもハードウェアによる信頼の基点の実装はいくつかあるが、その機能や構造は、秘密にされていることも多い。

　いずれにせよ、これらのハードウェア的な信頼の基点をベースにして、セキュリティ機能を構築すべきである。IoTデバイスには、保守ポートが残されることも多い。通常のメモリ領域に暗号鍵を保管しておいたのでは、リバースエンジニアリングによって簡単に鍵が露出する。

9.3　設計時セキュリティ (Designed-In Security)

　IoTデバイスを用いたIoTサービスを社会に展開する場合、事前にセキュリティを含めた安全性を十分に検討しておくべきである。IoTデバイスは、安価に製造され、大量に出回るので、展開後に問題が発生した場合の事後処置が難しい。設計時に行うべき作業をごく簡単にまとめると、セキュリティの脅威を予測し、その対策を慎重に実装し、最後に脅威が抑え込まれたかをテストすることである。

　安全へのリスク分析は、輸送機械や産業用機器などの安全性が重要な機器では、従来から行われていた。すなわち、どこまでの安全性を求めるかの安全要求に対して、安全を脅かすハザードを分類し、それを抑え込む実装を安全機構として組み込み、その機能を検証する。情報セキュリティも同様の手順に従えば良いが、モノの安全を重視するIoTにおいては、セキュリティの脅威が安全に対するハザードを呼び起こすリスクを十分に検討すべきである。**図9-1**は、安全要求から導かれるハザードに対して、これらのハザードを引き起こすセキュリティ侵害を検討している。安全と関係のない、機密性などのセキュリティ要求は、セキュリティ単独で検討する。衝突や火災などの不安全事象で、ファイアウォールや認証装置が破壊されてネットワークが直結されたり認証が素通しになったりすることは考えにくいので、安全がセキュリティに及ぼす影響は限定的である。しかし、システムが動作を停止する可用性への影響や、バックアップファイルが消失するなど完全性を損なう可能性は検討する必要がある。

　セキュリティ対策の実装においては、新たなプログラムを開発するよりも、既存のソフトウェアコンポーネント、特にオープンソースソフトウェアを組み込むことが多いと推測する。これらのコンポーネントは、まず、その由来を確認しておくべきである。問題が発覚したときの連絡先がわかっていないと、対処できなくなる。自社内に、ソフトウェアコンポーネントの動作を確認し修正できる人材を養成しておければさらによい。次に、各コンポー

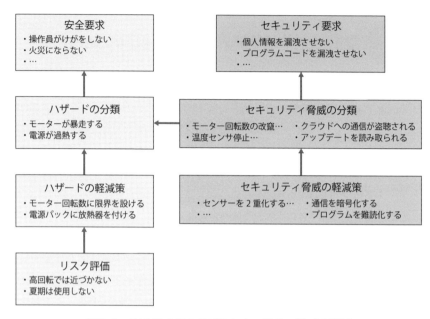

図9-1 安全要求につながるセキュリティ脅威の検討

ネントの脆弱性の有無と、それらが対策済みであることも確認する。新たな機能を組み込む場合、形式手法やモデル検査の導入はなかなか難しいだろうが、セキュアコーディングの採用は重要である。プログラム開発は、実装に時間をかけるより、テストに時間をかける方が高品質になるとする統計データがある[29]。

　さらに各々の侵入口や検知法を検討し、対策を講じてその効果を評価する。採用したセキュリティ対策が十分な効果を発揮するかどうかの確認には、実際の攻撃やマルウェアに晒してみることができないので、脆弱性検査ツールを適用する。ただし脆弱性検査は、新たに発見される脆弱性や新種の攻撃法には効果がないことも認識しておく必要がある。

9.4 パスワード管理

Miraiが蔓延した背景には、IoTデバイスのパスワード管理がおざなりにされたことがある。なぜパスワードを変更しなかったのだろうか？ オフィスや家庭で、パソコンがどこにあるかはわかっていても、リモコンはしばしば行方不明になる。パソコンは、しばしば使うし、目に付く。リモコンは小さく、誰がどこかに動かすからだろう。ではWi-Fiルーターがどこにあるか、家族や職員全員が知っているだろうか？ IoTデバイスは、「パーソナル」ではなく、施設・設備の一部になるようなモノであるから、調達請求者に責任のある管理を望むことは難しい。

Miraiが、監視カメラなどのパスワード管理がされていないことにつけいったのにも理由がある。誰の物ともいいにくいモノに、個人の象徴であり、人には教えたくないパスワードを付けるのは気が引けるのだ。たとえば、オフィスで使うプリンタにもパスワードが付けられる。しかし、あなたが担当者だとして、適切なパスワード管理ができるだろうか。難しいパスワードを付けて、忘れてしまうことを恐れるかもしれない。次の担当者に引き継げるように、メモに残したり、簡単なパスワードにしてあるかもしれない。みんなに覚えてもらうべく、Eメールで同報しているかもしれない。

IoTデバイスをパスワードで管理するのは、あまり良い方法ではないかもしれないが、今や、法律的にも適切なパスワード管理をすることが求められるようになった。総務省は、国立研究開発法人情報通信研究機構（NICT）の業務を定めるNICT法を改正し、NICTが、インターネットをスキャンして、無防備なパスワードで運用されているIoTデバイスを検出してプロバイダからパスワード変更を促す通知を送るNOTICE事業を開始した。また、端末設備等規則（省令）を改正し、電気通信事業法に基づく技術基準適合認定（いわゆる技適）を受けるためには、電気通信の機能に係る設定を変更するためのアクセス制御機能、すなわちパスワードは、初期化するときに変更するか、機器ごとに異なる初期パスワードを付けることを定めている（2020

年4月から施行）。

　パスワードを付ける場合、記号を入れてわかりにくいパスワードにするよりも、少ない文字種でも良いから、なるべく長いパスワードを設定することをお奨めする。記号を入れると、どうしてもメモに残さざるを得なくなる。また、文字種を増やすよりも、文字列の長さを長くする方が探索空間が圧倒的に広くなるので、総当たり攻撃が難しくなる。たとえば、大文字小文字のアルファベットに数字を加えると62種の文字がある。一般には、ここに、！＠＃＄などの記号を加えることが推奨されている。しかし、仮に30種を加えて92種の文字セットを使うとしよう。文字数が8文字だと、5×10^{15}種のパスワードが構成できる。これは、全数探索に対して十分な強度ではない。一方、26文字のアルファベットだけであっても、16文字の長さにすれば、4×10^{22}種もの探索空間ができる。これは非常に強固なパスワードとなり得る。

9.5　長期のセキュリティ運用

　IoTデバイスは、長期間使われることと、使用者がセキュリティの素人であることが多いので、設計時のセキュリティと並んで、運用時のセキュリティも重要である。ログ、アップデートとPSIRT活動について8章で述べたが、ここでは、セキュリティ脅威が時間と共に変化することを強調しておく。世界では、デバイスやソフトウェアの脆弱性が、毎日数十件見つかっているし、新種のマルウェアは毎日何万と作成されている。セキュリティ対策は、設計時に入念に実施したとしても、新たな脅威が日々生産される以上、対策に終わりはない。

　製品を作って売るビジネスでは、製品は次第に劣化する。製品が劣化すると故障が増えるので、5〜10年で部品を交換する、あるいは交換部品がなくなる前に全体を更新することが多いだろう。ところが、ITやIoTの中心をなす、デジタルデータとして記録されるソフトウェアは、劣化することがな

い。同じ条件で使い続ける限り、ソフトウェアの寿命は永遠である。むしろ、ソフトウェアの入れ物であるハードウェアが傷んでくる。これに対するマルウェアや攻撃法は、新たに生じてくる。エボラ出血熱のような新たな感染症が広がるのと同じような現象であるが、ひとたび脆弱性が見つかり、強力なマルウェアが完成すると、その周囲に多数の亜種が出現する速度は、自然界の感染症よりずっと速く、深刻である。

　この状況に対処するには、脆弱性情報をいち早くキャッチして迅速に対策することに尽きる。脆弱性情報は、NVDやJVN-iPediaのようなデータベースから入手するのが普通だが、バグバウンティのような方法で世界中の専門家から情報を収集する方法も注目されている。それでは、この作業はいつまで続けるのだろうか？　ソフトウェアは永遠であったとしても、ビジネスは永遠には続けられない。実際のソフトウェアは、周囲の技術に取り残されて陳腐化し、短く一生を終えることが多い。筆者は、このことを積極的に利用すべきだと思っている。すなわち、周囲の技術の移り変わりと共に、IoTデバイスも寿命を迎えるように設計しておくべきだろう。日本では、2011年にそれまでのNTSC方式によるTV放送から地上波デジタルに移行した。NTSC時代の資産が失われることを嘆く声もあったが、結果的に放送の品質は大きく向上した。逆にWindows-XPは、2014年に保守が打ち切られたが、未だに脆弱性が解消されないまま使い続けられている。どちらが社会にとって好ましいだろうか。前者（TV放送）は、放送インフラという巨大な周辺事情があるので、全部をすっぱり更新する必要があった。後者は、局所的な環境でしぶとく生き残っている。依存するインフラの規模が異なるので単純に比較はできないが、一斉に技術の脱皮をはかることで、古い技術を捨て去り、社会全体のセキュリティを飛躍的に向上させていく方式も取り入れる必要があろう。IoTデバイスやIoTサービスをセキュアに展開させるためには、セキュリティの保証期間を明確にする必要があるだろう。

あとがき

　IoTのムーブメントは、2012年頃から本格化してきた。その源流は、1990年代のユビキタスコンピューティングや組込みシステムにあるが、高集積の半導体によって小さなコンピュータを作るデバイス技術、さまざまな情報がデジタルで表現・計算するデジタル技術、インターネットやWi-Fiなどのネットワーク技術、情報を分散したデータセンターで連携処理するクラウドコンピューティング技術などと刺激しあって発展してきた。ビッグデータに依存するAIにとっても、IoTは、情報を収集し、社会に還元するための重要なフロントエンドとなる。未来には、コネクティッド・インダストリやソサイエティ5.0、あるいはディジタル・トランスフォーメーションと呼ばれるような、情報を活用する社会像が広がっており、IoTは、その主要な要素となることに疑いはない。

　従来のITは、ある程度発展してからセキュリティが問題となったが、IoTは、普及を始める前からセキュリティが注目を集めるという、これまでにない素性を備えている。新しい種類のセキュリティ問題であるため、セキュリティ技術者にとっても格好の題材となっている。それに伴って、IoTセキュリティのリスクばかりが喧伝されて、ややもするとビジネス展開が躊躇されるのではないかとの心配が上がるくらいだ。心配はわかるが、安価なIoTデバイスのセキュリティに多くのコストはかけられないという判断もあるだろう。守るべき資産が何かを順序づけて識別し、適切な技術の採択とコスト配分を検討すべきだろう。

　本書では、IoTのどこにリスクが潜んでいるか、その対抗策は何かを主に技術面から述べてきたが、コストの見積もりまではできていない。しかし、セキュリティの被害は、取り返しのつかない被害を招き、組織の信用を台無しにしかねない。最善の努力が求められるし、努力が実ったときは、十分にコストに見合った価値が得られるであろう。セキュリティリスクは、自然現象ではなく、人為的なリスクであるので、今後、新たな脅威が生じてくる可

能性もおおいにある。本書が、IoTセキュリティの全体像を把握するのに役立つことを願ってはいるが、これで対策が完結するわけではない。新たに発生する脆弱性情報に気を配り、日々改善の努力を怠らないよう務めて頂くことを希望して、筆を置く。

謝　辞

　本書の執筆を思い立ったのは、IoTセキュリティの授業用資料の作成を始めたが、適当な教科書がないことがわかったからである。CCDS主催のパネル討論の後、日刊工業新聞社出版局の岡野晋弥氏に勧められ、企画案も通していただいて執筆に取りかかることができた。岡野氏のご支援に感謝申し上げます。本書の校正に当たっては、情報セキュリティ大学院大学特任助手の若月里香氏にご協力いただいた。以前、編集の仕事をしていたことのある妻の松井るり子さんには、終始、暖かい励ましをもらった。お二人のご協力に厚くお礼申し上げます。

索　引

英数字

4-way handshake ···················· 85
5層のアーキテクチャ ·············· 17
AArch64アーキテクチャ ·········· 51
ADC（AD変換） ··············· 43, 44
AES暗号 ······························ 83
ANSI ································153
AP（アクセスポイント） ·············· 83
ARM ·································· 48
ASIC ·································149
ASLR ································ 74
audit ································135
AUTOSAR ························· 42
Blackhat ···················· 107, 142
Blueborne脆弱性 ················· 85
Bluetooth ························ 84
BOSCH社 ························· 98
CAN ································ 99
CAN-FD ···················· 104, 112
CC-Link ·························· 65
C&Cサーバー ····················· 96
CC認証 ···················· 55, 154, 158
CDMA ······························ 81
Connected Industries ············ 71
Cortex-A, -R, -M ················ 51
CSIRT（Cyber Security Incident
　　Response Team） ·········· 31, 140
CSMA/CA ·························101
CSMS認証 ·······················154
CVE ·······················86, 142

CVSS ································ 91
DAC（DA変換） ·············· 44
DDoS攻撃 ················· 22, 28, 29
DEFCON ·························142
DIN ································153
DNS ·························· 22, 23
DoS攻撃 ···················· 22, 93
DSP ································ 38
DSSS（直接拡散） ··········· 81, 82
EAL1～7 ··························158
ECU ·························98, 109
EDSA認証 ················· 154, 156
EVITA ································166
FIB（集束イオンビーム） ·············123
FlexRay ··························105
FPGA ································ 38
GDPR ································133
GPU ································ 40
HEMS ································ 37
HTTPS ································ 94
IDS ··························· 96, 130
IDS・IPS ···················73, 132
IEC（国際電気標準会議） ·············152
IEEE 802.11 ······················ 81
insecam ·························· 21
Intel8086 ························· 98
Intel-SGX ························166
Intelアーキテクチャ ·············· 29
IoTゲートウェイ ················ 42
IoT参照アーキテクチャ ·············154
IoT推進コンソーシアム ·············· 33

IoTセキュリティガイドライン …… 33
IoTデバイス ……………… 17, 36, 164
IoTネットワーク ………… 17, 31, 78
IoTの定義 ………………………… 10
IPA ……………… 19, 33, 144, 146
IPsec……………………………115
IPv4 …………………………… 9, 16
IPアドレス …………………………102
IP接続 ……………………………… 11
IPパケット ……………………… 15
ISAC（アイザック）………… 145, 146
ISA Secure認証 ………………157
ISMS……………………… 146, 156
ISMバンド ……………… 80, 82, 90
ISO/IEC JTC1……………………153
IEC（国際電気標準会議）……………153
ISO（国際標準化機構）……… 152, 153
ITU-T ………………… 152, 153
JIS ……………………………152
JNSA …………………………142
JPCERT/CC…………… 141, 142, 144
JTAG ………… 30, 115, 124, 139
JVN iPedia ………… 132, 142, 161
KOMTRAX ………………… 14
KRACKs脆弱性 ………………… 85
LIN ……………………………105
Linux ………… 26, 41, 51, 68, 71
Linux用MCU ……………… 43, 48
LoRaWAN…………………… 88
LPWA ………………………… 87, 93
LTE ……………………………… 90
M2M通信 ……………… 11, 36, 58
MAC（Message Authentication Code）
……………………………112
MACアドレス………………84, 102

MCU………………………………… 39
Miraiマルウェア ………… 22, 93, 148
MITRE ……………… 142, 161
MMU ………………… 40, 51
MOST ……………………105
MQTT …………………… 94
NB-IoT …………………… 88
NICTER ………………… 19
NMI ……………………134
nonce ………………… 85
NOTICE事業 …………………169
NVD ……………… 142, 161
OBD-2……………… 25, 100, 108
OFDM（直交周波数分割多重方式）… 82
OSI参照モデル ………………79, 100
OSVDB ………………161
OSレス用MCU ……………… 43, 51
OTA ……………………… 93
P2P（peer to peer）………………… 12
PLC ……………… 42, 61, 63, 71, 156
POC ……………………161
PROFIBUS ……………… 65
PROFINET …………… 65
PSIRT（Product Security Incident
　Response Team）…………………141
PUF ……………………126
PWM …………………… 46
RFID………………………8
root of trust ……………… 56
RS232 ………………… 99
RTOS ………… 28, 29, 42, 51, 68
RTOS用MCU ……………… 43, 48, 51
SC27 ……………………154
SC41 ……………………154
SE（Security Enhanced）Linux

························73, 136

Shodan·················142

SIGFOX················88

SMC命令···············53

SoC··················40

ssh··················115

SSID··············83, 90

Stuxnet···············69

SVC命令···············53

TCP/IP·········17, 18, 106

TEE··················52

telnet···········19, 30, 115

Thumb命令セット········51

TKIP·················83

TLS1.0················75

TLS(Transport Layer Security)

················94, 115

TOMOYO Linux········73, 136

TPM·············54, 94, 166

TrustZone········52, 94, 166

TSIP·······55, 94, 138, 166

UART··············30, 115

USBメモリ···········28, 69

VPN············73, 115, 159

VxWorks··············68

Webカメラ·············21

WEP·················83

Wi-Fi·········18, 22, 81, 90

WPA2··············83, 85

WTO/TBT協定·········152

あ

アービトレーションフィールド

················101, 102

アクセス制御········55, 73, 136

アクセス制御装置·········158

アクチュエーター·········37

アタックサーフェス·······164

アナログ電圧··········44

アノマリー(Anomaly)検知·······137

アプリケーション層·······16

暗号回路············55, 120

暗号鍵·····29, 52, 54, 94, 112, 119, 166

暗号プロトコル·········132

安全系···············111

安全なIoTセキュリティシステムのため
のセキュリティに関する一般的枠組

················33

ウェアラブル·········13, 27

ウォッチドッグ·······134, 137

エクスプロイト·········162

エミッション顕微鏡·······123

遠隔操作·············70

エンジニアリングワークステーション

················63

エンタープライズ認証·······83

エンドポイント層·········17

エンドポイントデバイス···18, 31, 78

オープンシステム認証·······83

オープンソースソフトウェア········149

オペレーティングシステム········159

か

鍵管理装置············158

拡張CAN············101

仮想記憶·············41

加速度・ジャイロセンサー·····25, 47

可用性············71, 75, 167

監視カメラ·········18, 29

完全性···············167

キーレスエントリシステム ………… 24
技術基準適合認定(技適) …… 153, 169
偽造 ………………………………… 29
偽装パケット ……………………111
機能セキュリティ評価………………157
機密性 ………………………………167
キャッシュメモリ ………… 40, 51, 68
強制アクセス制御 ………… 135, 165
共通脆弱性評価システム ………… 91
組込みシステム ………………… 36
クラウド ……… 11, 27, 30, 31, 94, 130
グリッチ攻撃 …………………120
ゲートウェイ
　……… 17, 18, 96, 105, 108, 112, 130
国際標準 ……………………………152
コクピット音声レコーダ(CVR)……129
個人情報……………… 29, 132, 133

さ

サーバーの真正性 …………………139
サービス遮断 ……………………… 93
サイドチャネル攻撃…………… 28, 118
サプライチェーン ………… 148, 150
シーケンス制御 ………………… 61
事前共有鍵………………………31, 83
車載Ethernet ……………………106
車載エレクトロニクス………… 24, 98
車載ネットワーク ………………… 12
シャノンの定理 ………………… 81
周波数拡散………………………… 81
重要インフラ ………………… 58, 69
重要生活機器連携セキュリティ協議会
　(CCDS) ………………… 33, 154
縮退運転 ………………………… 75
冗長構成(冗長系) ……………… 74

省電力性 ……………… 46, 51, 88
情報公開 ……………………146
情報セキュリティ白書………………142
情報通信研究機構(NICT) ……… 19, 169
証明書 ………… 75, 84, 138, 139
シリアル通信 ……………… 47, 48
シンクライアント(thin client) ……164
真正性 ……………………112
信頼の基点……… 32, 56, 139, 165, 166
スーパバイザモード ………… 43, 52, 74
スケール則……………………… 49
ステルスSSID ……………… 84
スパイ機能………………………148
スマートキー ………………24, 109
スマートホーム ……………… 13, 33
スマートメーター ……………… 27, 93
制御ネットワーク ………………… 62
脆弱性 …………………… 132, 148
脆弱性検査……… 34, 76, 161, 165, 168
脆弱性情報……………… 32, 142
脆弱性スキャナ ……………… 161, 162
静的解析法………………………160
製品認証……………………154
セキュアOS ……………… 135, 137, 165
セキュアコーディング………… 150, 168
セキュアワールド ……………… 52
セキュリティアップデート ……75, 137
セキュリティインシデント … 145, 150
セキュリティターゲット ………………158
セキュリティ・バイ・デザイン …… 33
設計時セキュリティ ………………167
ゼロデイ攻撃 ……………… 70
センサー ……………… 26, 36, 44
総当たり攻撃 …………… 115, 170
ソースコードレビュー………………150

ゾーニング················· 74, 75
ソフトウェア開発セキュリティ評価
··157

た

耐タンパー················ 51, 52, 124
タイマー····························· 40
タイムスロット················· 99, 105
端末設備等規則················169
知的財産権····················148
中間者攻撃···················· 86
通信頑健性試験················157
通信容量························ 81
つながる世界の開発指針····· 33, 34
偵察行動························ 75
適合性評価試験················154
デジタルI/O···················· 48
デバイスインタフェース······· 40, 44
デバッグポート················ 25, 30
デファクト標準················153
デュアル························ 74
デュプレックス················ 75
テレマティックス···············106
電波法························· 80
電波漏洩························ 79
電力解析攻撃(SPA)················118
電力ネットワーク················ 70
盗聴················· 79, 90, 92
動的解析法····················160
特権命令························ 52
ドミナント····················101
トリアージ····················145
トレーサビリティ················150

な

内閣サイバーセキュリティセンター
(NISC)····················· 33
なりすまし········ 29, 56, 83, 92, 109, 112
二重系························· 74
日本産業標準調査会(JISC)··········153
認証サーバー···················· 84
ネガティブフィードバック·········· 59
ネットワークスキャン···················· 22

は

パーソナル認証················· 83
ハートブリード················· 75, 132
ハイパーバイザ················136
バグバウンティ················144
ハザード·····················167
パスワード················· 21, 25, 30, 169
バックドア···················· 23
ハッシュ················· 112, 130, 139
パワートレイン系···············111
搬送波周波数帯················ 82
半導体チップ··················148
非正規インタフェース················114
標的型Eメール················· 28
ファームウェア················· 138, 148
ファームウェア開発················115
ファイアウォール········· 73, 137, 158
ファジング··········· 158, 161, 162
フィードバックループ·············· 60
フィールドバス················· 62, 71
フォーラム標準················· 89, 153
フォグ·············· 17, 31, 42, 94
フォグサーバー············ 96, 130, 132
フォレンジックス···················· 75

不正アクセス ……………………… 28, 31
物理的な脆弱性 …………………… 25
物理的暴露………………………… 32
物理乱数 ……………………… 51, 55
フライトデータレコーダ(FDR)……128
フラッシュメモリ ………………… 43
ブロードキャスト通信……………102
プロセス認証 ……………………154
プロテクションプロファイル ………158
ヘッドユニット ……………… 107, 108
ペネトレーションテスト …………161
変調/符号化方式 ………… 80, 81
ポイント・ツー・ポイント ……… 99
ポートスキャン ………………… 22
ポート番号………………………135
保守ポート………………………115
保守用インタフェース………………114
ボット(botnet) ……………… 23, 27
ボディ系……………………………111

ま

マイクロコントローラ…… 38, 125, 149
マルウェア………………… 28, 31, 69, 137
マルウェア検査 ………………… 28, 32
マルチコア………………………… 40, 51
マルチタスク ……………………… 17
マルチメディア系 ………… 105, 111
ムーアの法則 …………………… 48
無線ネットワーク ………… 30, 38, 78

メッセージ認証(MAC) ……………… 28

や

ユーザーモード ……………… 43, 52
優先度 …………………………… 67
有線ネットワーク ………………… 30
ユビキタスコンピューティング ……8

ら

乱数の種(random seed)………………107
リアルタイム Ethernet ………… 64
リアルタイム性 ………………… 64, 65
リアルタイム制御 ………………… 65
リアルタイム通信………99, 103
リスク分析………………………167
リセッシブ………………………101
リセット ………………………134
リバースエンジニアリング
　…………… 26, 28, 125, 166
リプレイ攻撃 ……………… 93
リムーバブルメディア………………130
リレー攻撃………… 24, 93, 109
ルネサスエレクトロニクス社 ……… 54
ロータリエンコーダ ……………… 45
ログ ………………… 75, 128, 130

わ

割り込み禁止 …………………… 68

参考文献

※Webサイトの参照日は全て2019年12月5日

(1) 情報通信研究機構、「NICTER観測レポート2018の公開」、
https://www.nict.go.jp/press/2019/02/06-1.html（2019）.

(2) 情報処理推進機構、「デジタル複合機のセキュリティに関する調査報告書」、
https://www.ipa.go.jp/security/jisec/apdx/documents/20130312report.pdf
（2013）

(3) 日本経済新聞社、「狙われるオフィスの複合機　対策放置が招く情報漏洩」、
https://www.nikkei.com/article/DGXNASFK1302W_T11C13A1000000/
（2013年11月22日）.

(4) Charlie Miller and Chris Valasek, "Remote Exploitation of an Unaltered
Passenger Vehicle," Blackhat（2015）.

(5) 井上博之、「IoT（つながる組込み機器）における脅威の現状　―情報セキュ
リティからIoTセキュリティに向けた取り組み―」、精密工学会誌, Vol. 83,
No.1, https://www.jstage.jst.go.jp/article/jjspe/83/1/83_46/_pdf（2017）.

(6) Runa A. Sandvik and Michael Auger, "When IoT Attacks：Hacking A
Linux-Powered Rifle,"
https://www.blackhat.com/docs/us-15/materials/us-15-Sandvik-When-
IoT-Attacks-Hacking-A-Linux-Powered-Rifle.pdf：Blackhat（2015）.

(7) Calvin Biesecker,, "Boeing 757 Testing Shows Airplanes Vulnerable to
Hacking, DHS Says," Avionics International, https://www.aviationtoday.
com/2017/11/08/boeing-757-testing-shows-airplanes-vulnerable-hacking-
dhs-says/（2017年11月8日）.

(8) Yunmock Son, Hocheol Shin, Dongkwan Kim, Youngseok Park, Juhwan Noh,
Kibum Choi, Jungwoo Choi, and Yongdae Kim, "Rocking Drones with
Intentional Sound Noise on Gyroscopic Sensors," 24th USENIX Security
Symposium, pp.881-896, Washington, D.C.,
https://www.usenix.org/system/files/conference/usenixsecurity15/sec15-
paper-son-updated.pdf（2015）.

(9) Mohammad Shahrad, Arsalan Mosenia, Liwei Song, Mung Chiang, David

Wentzlaff, Prateek Mital, "Acoustic Denial of Service Attacks on HDDs," arXiv (2017).

(10) 内閣サイバーセキュリティセンター,「安全なIoTシステムのためのセキュリティに関する一般的枠組」、https://www.nisc.go.jp/active/kihon/res_iot_fw2016.html (2016).

(11) 経済産業省.、「IoTセキュリティガイドライン ver1.0」(2016).

(12) 一般社団法人重要生活機器連携セキュリティ協議会、「CCDS 製品分野別セキュリティガイドライン v2.0 をリリース」、https://www.ccds.or.jp/public_document/index.html#guidelines2.0 (2018).

(13) ARM, "ARM TrustZone Technology for the Armv8-M Architecture. ARM," (2018).

(14) Linaro, "OP-TEE Documentation," https://optee.readthedocs.io/, https://buildmedia.readthedocs.org/media/pdf/optee/latest/optee.pdf (2019年8月).

(15) 情報処理推進機構、「ITセキュリティ評価および認証制度 (JISEC) R5F39106D1.0 認証書, IPA認証製品リスト (ハードウェア)」 https://www.ipa.go.jp/security/jisec/hardware/hw_certified_products/c0418/c0418_it1365.html (2013).

(16) ITmedia、「Stuxnetは米政府が開発、大統領が攻撃命令——New York Times報道」、https://www.itmedia.co.jp/enterprise/articles/1206/02/news016.html (2012年6月12日).

(17) Mathy Vanhoef and Frank Piessens, Key Reinstallation Attacks：Forcing Nonce Reuse in WPA2. Association of Computing Mahinery (ACM), https://papers.mathyvanhoef.com/ccs2017.pdf (2017).

(18) Armis," Armis - Blueborne Explained," https://www.youtube.com/watch?v=LLNtZKpL0P8&t (2017年9月12日).

(19) 情報処理推進機構,「共通脆弱性評価システムCVSS概説」、https://www.ipa.go.jp/security/vuln/CVSS.html (2018年5月31日).

(20) Aurelien Francillon, Boris Danev, and Srdjan Capkun," Relay Attacks on Passive Keyless Entry and Start Systems in Modern Cars," NDSS Symposium 2011.
：https://www.ndss-symposium.org/wp-content/uploads/2017/09/franc2.pdf (2011).

(21) Sergei Skorobogatov, "Physical Attacks on Tamper Resistance：Progress and Lessons" ケンブリッジ大学，コンピュータ科学技術学部、https://www.cl.cam.ac.uk/〜sps32/ARO_2011.pdf（2011）.

(22) European Union Intellectual Property Office（EUIPO），"Global trade in counterfeit and pirated goods," https://euipo.europa.eu/ohimportal/web/observatory/mapping-the-economic-impact（2016年4月）.

(23) S. O'uchi, Yongxun Liu, Y. Hori, T. Irisawa, H. Fuketa, T. Morita, S. Migita, Y. Mori, T. Nakagawa, J. Tsukada, H. Koike, M. Masahara, and T. Matsukawa, "Robust and compact key generator using physically unclonable function based on logic-transistor-compatible poly-crystalline-Si channel FinFET technology, "IEEE International Electron Devices Meeting（IEDM）（2015）.

(24) JPCERTコーディネーションセンター，「PSIRT Services Framework Version 1.0 Draft 日本語抄訳」、https://www.jpcert.or.jp/tips/2018/wr182801.html（2018年7月25日）.

(25) 松田栄之、「制御系システムのセキュリティ（4）最終号 —制御系システムの認証制度—」、http://www.intellilink.co.jp/article/column/sec-controlsys04.html：NTTデータ先端技術株式会社（2019年8月）.

(26) -, "THE COMMON CRITERIA," https://www.commoncriteriaportal.org（2018）.

(27) 情報処理推進機構，"CC（ISO/IEC 15408）概説", https://www.ipa.go.jp/security/jisec/about_cc.html（2008年10月10日）.

(28) Michael Sutton, Adam Greene and Pedram Amini, "Fuzzing：Brute Force Vulnerability Discovery," Addison-Wesley Professional（2007）.

(29) 情報処理推進機構（IPA）、「組み込みソフトウェア開発データ白書2019、プロジェクトの成功／失敗要因をデータから検証しているか）、https://www.ipa.go.jp/ikc/reports/20191119.html（2019）.

●著者略歴

松井　俊浩
Toshihiro MATSUI

情報セキュリティ大学院大学　教授（工学博士）

プロフィール

1980年東京大学工学部計数工学科卒業、1982年東京大学大学院情報工学専門課程修士修了、1990年同大学院工学博士、1982年通商産業省工業技術院電子技術総合研究所に入所、知能ロボットのためのオブジェクト指向プログラム言語による幾何モデルを用いた動作計画等の研究。1991年〜1999年米国スタンフォード大学、MIT、オーストラリア国立大学の客員研究員。2001年産業技術総合研究所企画本部、2003年産総研デジタルヒューマン研究センターにて分散型実時間計算システムの研究。2007年産総研副研究統括、2012年セキュアシステム研究部門長、2015年NEDO技術戦略研究センター電子情報機械システムユニット長。日本ロボット学会、計測自動制御学会等の論文賞等十数件。日本ロボット学会フェロー、情報セキュリティスペシャリスト、エンベディッドシステムスペシャリスト。2016年より、情報セキュリティ大学院大学教授、IoTとAIのセキュリティの研究に従事。

著書に、『AI入門（KE養成講座）』（オーム社、1989年）、『岩波講座 ロボット学〈6〉ロボットフロンティア』「デジタルヒューマン技術」（岩波書店、2004年）、『IT-Textシリーズ　組込みシステム』「ロボット制御」（情報処理学会、2006年）、『AI白書』「次世代AIインフラストラクチャハードウェア」（IPA、2017年）などがある。岐阜県生まれ、茨城県つくば市および横浜市在住。趣味は、自転車づくり、サイクリング、アマチュア無線、サーバー管理、電子工作など。

IoT セキュリティ技術入門

NDC007.3

2020年1月29日　初版1刷発行

定価はカバーに表示されております。

© 著　者　　松　井　俊　浩
　　発 行 者　　井　水　治　博
　　発 行 所　　日 刊 工 業 新 聞 社

〒103-8548　東京都中央区日本橋小網町14-1
電話　書籍編集部　　03-5644-7490
　　　販売・管理部　03-5644-7410
　　　FAX　　　　　03-5644-7400
振替口座　00190-2-186076
URL　http://pub.nikkan.co.jp/
email　info@media.nikkan.co.jp

印刷・製本　新日本印刷株式会社